室内设计师.70
INTERIOR DESIGNER

编委会主任 崔愷
编委会副主任 胡永旭

学术顾问 周家斌

编委会委员

王明贤　王琼　王澍　叶铮　吕品晶　刘家琨　吴长福
余平　沈立东　沈雷　汤桦　张雷　孟建民　陈耀光　郑曙旸
姜峰　赵毓玲　钱强　高超一　崔华峰　登琨艳　谢江

海外编委

方海　方振宁　陆宇星　周静敏　黄晓江

主编 徐纺
艺术顾问 陈飞波

责任编辑 徐明怡　郑紫嫣
美术编辑 陈瑶

图书在版编目(CIP)数据

室内设计师 . 70, 居住 /《室内设计师》编委会
编著 . -- 北京：中国建筑工业出版社，2019.3
ISBN 978-7-112-23361-8

I. ①室… II. ①室… III. ①室内装饰设计—丛刊②住宅—室内装饰设计
IV. ① TU238-55 ② TU241

中国版本图书馆 CIP 数据核字 (2019) 第 035696 号

室内设计师　70
居住
《室内设计师》编委会　编
电子邮箱：ider2006@qq.com
微信公众号：Interior_Designers

中国建筑工业出版社出版、发行 (北京海淀三里河路 9 号)
各地新华书店、建筑书店 经销
上海雅昌艺术印刷有限公司 制版、印刷

开本：965×1270 毫米　1/16　印张：13½　字数：540 千字
2019 年 3 月第一版　2019 年 3 月第一次印刷
定价：60.00 元
ISBN 978-7-112-23361-8
（33676）
版权所有　翻印必究
如有印装质量问题，可寄本社退换
(邮政编码 100037)

CONTENTS
VOL.70

| 视点 | 我看2019年普利兹克建筑奖 | 王受之 | 4 |

主题	居住		9
	探索家		10
	白塔寺胡同大杂院改造		28
	宋宅		38
	亚里蒙住宅		44
	成都文儒德别墅		52
	摩登东方 无间设计居住作品		57
	上海翠湖天地		58
	广州华远云和墅		64
	城中谧静居舍		68
	沁园		76
	仓库住宅HM		82
	云上的生活		88
	都市华宅		94
	眼袋之家		100
	重庆阳光城檀府31号		106

| 解读 | 卫武营国家艺术文化中心 | | 110 |
| | 南京国际青年文化中心 | | 120 |

论坛	从概念到意念	叶铮	128
	电影中的当代图像美学——贾樟柯电影中的当代艺术诊断	苏丹	131
	曦潮书店		136

实录	云南新寨咖啡庄园		140
	拾云山房		148
	湿地中的红砖之塔		156
	廷泰茶空间		164
	湿地旁的禅修馆		170
	21gram 咖啡馆		176
	伴山面馆		182
	荷木品牌总部		188
	玑遇SPA		194
	良设·夜宴		200

| 谈艺 | 枯荣与更生 上野雄次的花道哲学 | | 204 |

| 专栏 | 灯随录（四） | 陈卫新 | 208 |
| | 种地和情趣 | 高蓓 | 210 |

视点

我看2019年普利兹克建筑奖

| 撰　　文 | 王受之
| 图片来源 | 普利兹克建筑奖组委会

今年普利兹克建筑奖的评委决定将国际建筑界的最高荣誉颁发给日本建筑师，矶崎新（Arata Isozaki，1931-）。矶崎新在50多年的建筑实践中，设计并建成100余座建筑，设计东西融合，超越时代。在同时代的建筑师中，他拥有惊人的产量与影响力。矶崎新是第49位获得普利兹克奖的建筑师，也是获得此殊荣的第8位日本建筑师。如果从建筑背景来看，他则是具有最强烈后现代主义背景的一名日本建筑师。

这么多年来，我就是看着日本建筑师一个接一个的拿普利兹克奖，从丹下健三（Kenzō Tange，1913-2005）、安藤忠雄（Tadao Ando，1941-）、西泽立卫（Ryue Nishizawa，1966-）、槙文彦（Fumihiko Maki，1928-）、伊东丰雄（Itō Toyō，1941）、妹岛和世（Sejima Kazuyo，1956-）、坂茂（Shigeru Ban，1957-），直到2019年3月份宣布的矶崎新，从年龄来看，丹下健三是1913年出生的，槙文彦是1928年的，矶崎新是1931年的，安藤忠雄和伊东丰雄都是1941年的，妹岛和世是1956年的，坂茂是1957年，西泽立卫是1966年的，因此，日本获得这个奖的1930年代的建筑师就只有矶崎新一个。

为什么今年的普利兹克奖评给矶崎新呢？我们来看一看评语：

评委在评价矶崎新时说道："……在追寻建筑意义的过程中，他创造了高质的建筑，直到今天，他的作品无法用任何一种风格来定义。他始终保持全新的思维和视角来设计每一座建筑，他的思想一直行走从未停滞。"

而评委会主席、美国联邦最高法院大法官斯蒂芬·布雷耶(Stephen Breyer)说："矶崎新是一个先驱者，他认识到对建筑的需求是全球性与本地化的统一——这两种力量构成同一个挑战，……多年以来，他不懈努力，确保世界上具有悠久建筑传统的地区不局限于这一传统，而是助力传播这些传统走向世界，同时从其他地区有所借鉴。"

这些评论其实都有点含糊不清，我理解中的矶崎新是现代建筑师里面比较少的一位从现代主义走进后现代主义，之后又能够从后现代主义走向更加当代、多元化的一个人物，更多的人一辈子都是现代主义者，比如槙文彦，走过现代和后现代的人也有几个，比如菲利普·约翰逊（Philip Johnson，1906-2005），但是从后现代主义破灭之后，又继续往前走，依然能够走出

1 矶崎新
2.3 大分县立大分图书馆（摄影：石元泰博）

一条自己的建筑设计道路来的人，真是非常的少。后现代主义的几个主将，比如罗伯特·文丘里、迈克尔·格雷夫斯都没有能够在后现代之后走出康庄大道来，而矶崎新则依然继续前进，摒弃保持影响力，成为贯穿了建筑设计三个时期的经典人物，值得获得普利兹克奖，我心目中这个奖是一个类似"终身成就奖"一样的意义。

现代主义建筑在1920年代的欧洲崛起，始终没有办法出土，直到"第二次世界大战"爆发之前，欧洲的现代设计师移民到美国，美国合适的土壤才让现代建筑开花结果，并且逐步压倒其他建筑类型，成为战后国际建筑的主流。至1960年代末期，"国际主义风格"（International Style）垄断建筑、产品和平面设计已经有将近30年的历史了，世界的建筑日趋相同，地方特色、民族特色逐渐消退，建筑和城市面貌越来越单调、刻板，加上勒·柯布西耶（Le Corbusier，1887-1965）在战后年代逐步演进出来的"粗野主义"（Brutalism），在马谢·布劳耶（Marcel Lajos Breuer，1902-1981）、路易斯·康（Louis Isadore Kahn，1901-1974）的推动下，迅速改变公共建筑，特别是学校建筑的面貌，往日的具有人情味的建筑形式逐步为缺乏人情味的、非个人化的"国际主义风格"建筑取代。对于这种趋势，建筑界出现了反对的呼声，也开始出现了一些青年建筑家来改造"国际主义风格"面貌。典雅主义、有机功能主义是对国际主义风格的一些调整，也因此出现了一系列比较具有人情味、个人化的建筑，但是它们毕竟影响有限，而且都依然坚持反对装饰的现代主义基本原则立场。因此，建筑界的确需要一场大革命，来改变建筑发展的方向，在国际主义风格的垄断中开拓一条装饰性的新路，丰富现代建筑的面貌。这个背景，就是后现代主义产生和发展的条件。

就建筑本身而言，后现代主义建筑其实可以笼统归纳为折中性的历史主义、戏谑性的符号主义两大范畴。在众多的后现代主义设计师里面，有些人属于前一个范畴，另一些人侧重后一个范畴，矶崎新是比较突出的一个两者均有涉足的建筑师。

他的设计具有强烈的历史主义和装饰主义立场。与现代主义的冷漠、严峻、理性化形成鲜明的对照。

而他的设计中对历史动机采用折中主义立场。对历史的风格采用抽出、混合、拼接的方法，而且这种折中处理基本是建立在现代主义设计的构造基础之上的。

矶崎新的设计具有后现代主义特有的娱乐性和处理装饰细节上的含糊性，甚至出现了空间处理的有意识的含糊性，这是非常突出的。

矶崎新于1931年7月23日出生于日本的九州，是日本后现代主义设计的最重要代表。他能够在现代主义与古典主义之间寻找到一种非常微妙的关系，达到既有现代主义的理性特点，又有古典主义的装饰色彩和庄严特征，在亚洲的建筑设计家中非常突出。他是丹下健三培养出来的日本现代建筑三个最重要的领导人物之一，其他两个是槙文彦和黑川纪章。他们发展了日本式的现代建筑，并且使日本现代建筑能够立足于世界建筑之林。

14岁时，他的广岛和长崎在第二次世界大战中被摧毁。他回忆说："当我刚

```
1    4 5
2 3
```

1 水户艺术馆（摄影：石元泰博）
2.3 奈良百年纪念堂（摄影：Hisao Suzuki）
4.5 洛杉矶当代艺术博物馆（摄影：石元泰博）

刚开始了解这个世界的时候，我的家乡被烧毁了。一颗原子弹投放在广岛，所有的东西都被毁了，没有建筑，没有楼房，甚至没有城市……我在一切归零的废墟上长大。所以在我的生活中，建筑一直是缺席的，我开始思考人们如何重建他们的家园和城市。"

矶崎新进入东京大学学习建筑学专业，从本科一直读到博士学位，毕业后进入了丹下健三建筑事务所工作，很快就成为丹下的得力助手。在丹下健三的影响下，矶崎新和其他几个日本建筑师开始探索新的现代建筑方向，被归类为新陈代谢主义（Metabolism）。他们将建筑巨型结构的想法与有机生物生长的想法融合在一起。

1963年，他建立矶崎新设计室。当时的日本正处于一个巨大变革和革新的时期，整个国家仍然在大战的余波中挣扎。矶崎新表示："为了找到解决这些问题的最合适的方法，我不能停留在单一的风格上……变化成为一种常态。同时，持续的变化成为了我自己的风格。"

矶崎新的早期作品以明确的未来主义手法而闻名，这一手法在他的新宿"空中都市总体规划"中可见。在这一愿景中，建筑层层叠加，住宅和交通都将漂浮在老城区之上——这是对日本当时蔓延的城市化、同质化严重的现代建筑有比较极端的对抗趋向。尽管他的设计计划从未实现，但它为矶崎新后来的众多项目定下了基调，也对世界未来的城市规划带来了影响。

因此，可以说矶崎新是新陈代谢主义的主将之一，他在日本大分县立图书馆、岩田女子高中和为福冈银行的设计都是这种思潮的结晶。但矶崎新本人却一直拒绝承认与新陈代谢派的原则有任何直接的关系。2008年前后，有一次他去参加湖南省博物馆的投标，路经广州，我和他吃晚饭，席间我问他和新陈代谢派的关系，他一开口就说："我从来不是新陈代谢派的"，搞得我没有办法问下去了，估计他经常遇到这种情况，所以总是一开头就堵死讨论的余地。

矶崎新在丹下健三的设计事务所工作了9年，受到丹下很大的影响。他通过丹下的设计，逐步了解到国际主义风格和现代建筑的内涵，也开始逐步对于国际主义风格的刻板面貌产生不满情绪，从而开始探索自己的建筑设计道路。他逐步建立了与日本的"乌特克"（Urtec，这个名称是"城市规划和建筑师"Urbanists and Architects 两个英文单字的组合）建筑小组的合作关系，1963年开始自己开业从事建筑设计，并且受美国一系列大学邀请赴美担任客座教授，讲授他个人和日本的现代建筑设计。他的美国关系使他的眼界大大开阔，能够充分把握国际建筑发展的趋势和方向，也了解自己的设计的位置。

他最早的后现代主义建筑是他出生的城市九州三重的地方图书馆，这个图书馆是在1966年设计和建成的，当时他的设计方向还不是太明确。因此这个建筑具有一些隐隐约约的后现代动机，但不是太明确。1970年他被委任为"日本1970博览会"的总体设计师，开始逐步摆脱现代建筑的影响，也不同于其他日本建筑师那样在传统文化中发展自己的现代建筑，而是在更加国际化的范围中探索后现代建筑，寻找后现代主义的国际语汇。1974年他设计了北九州市立美术博物馆，开始出现了比较强烈的个人特色和后现代主义的风格。

1980年代是矶崎新进入设计成熟的巅峰时期，他融合了西方现代主义结构、古典主义的布局和装饰、东方建筑的细腻

1 上海交响乐团音乐厅（摄影：陈颢）

和结构部件装饰化使用三方面的特点，设计出一系列非常特别的大型建筑，其中以日本筑波市的市政中心（1979-1983年）、洛杉矶当代艺术博物馆（1989年）、纽约布鲁克林博物馆扩展部分（1986年）、日本的冈之山美术馆（1986年）和富士乡村俱乐部等最具有代表性。他的作品具有比较游戏性的特征，与菲利普·约翰逊相比，则没有那么严肃，也没有古典主义那般严谨。而他在建筑材料的运用上，具有强烈对比的特点，因此更加丰富。

普利兹克奖评委在获奖评语中说：他的作品被描述为异质的，符合从一般建筑到高科技建筑的描述，他并没有追随潮流，而是走自己的路。这一点从他的建筑的排序，就可以清楚地看到他如何从丹下健三的纯粹现代主义、进入到后现代主义，再进入到新现代主义＋个人特征的当代时期。他的建筑作品跨越60年的发展，超过100个已建成的作品，遍布亚洲、欧洲、北美、中东和澳大利亚。从北九州市立美术馆（1972-1974，日本福冈）、筑波中心大厦（1979-1983，日本茨城），水户艺术馆（1986-1990，日本茨城），奈良百年纪念堂（1992-1998，日本奈良），到Pala Alpitour体育馆（2002-2006，意大利都灵），安联大厦（2003-2014，意大利米兰），卡塔尔国家会议中心（2004-2011，卡塔尔多哈）和上海交响乐团音乐厅（2008-2014，中国上海）。

矶崎新在其职业生涯中曾获得过许多奖项，其中最著名的是1974年日本建筑学会的年度奖、1986年的英国皇家建筑协会(RIBA)奖、1992年的美国建筑师协会(AIA)荣誉奖。

2019年普利兹克奖颁奖典礼将于今年5月在法国凡尔赛宫举行，届时获奖者矶崎新将在巴黎进行公开演讲。

2019普利兹克奖评委的成员，他们是：
◎斯蒂芬·布雷耶(Stephen Breyer)，主席，美国最高法院大法官；
◎安德烈·阿拉尼亚·科雷亚·杜·拉戈(André Aranha Corrêa do Lago)，巴西驻日本大使；
◎理查德·罗杰斯(Richard Rogers)，2007年普利兹克建筑奖得主；
◎妹岛和世(Kazuyo Sejima)，2010年与西泽立卫共同获得普利兹克建筑奖；
◎本妮德塔·塔利亚布(Benedetta Tagliabue)，"EMBT米拉莱斯-塔利亚布"建筑事务所董事；
◎拉丹·塔塔(Ratan N. Tata)，塔塔集团控股公司塔塔之子公司的荣誉主席；
◎王澍，2012年普利兹克建筑奖获奖者；
◎玛莎·索恩(Martha Thorne)，常务理事，评审过程中不参与投票。

居住

撰文 | Arz

曾经，家的定义是在门口就能闻到饭菜香气的地方，而在快节奏的现代生活中，家已不仅是安放身心的处所，更被赋予了许多个人的意义。居住空间，容纳了家的精神，是个人性格、心情、兴趣爱好的容器。

设计是造梦，而在面对居住空间时，设计师不再是造梦师，而是落实主人梦想的人。每个人内心对居住的憧憬都不同，有人想要舒适放松的家，有人享受充满创造力灵感汇聚的空间，有人喜爱城市高处俯瞰灯火璀璨的夜晚，有人更憧憬拥有庭院，能够呼吸土壤与青草香……与其说本期呈现的是不同的居住案例，更不如说是呈现了不同人关于生活的不同期待，居住空间是室内空间中最普遍，也是最核心的类型，它是最贴近主人性格的地方。

2018年底，第三届House Vision展览在北京展出，原研哉（无印良品艺术总监）是总策展人，2013年与2016年在日本已举行过两期，第三期选址在北京，10幢1:1的概念住宅模型在鸟巢南广场铺开，规划设计者是著名的日本建筑家隈研吾。10幢概念住宅是建筑家对未来居住形式的思考，希望重新定义理想中的"家"。

张雷与青山周平的居住探索则具有实验性。张雷在上海奉贤一座乡村老宅的重建作品中除了展现出他惯有的极其简约的建筑语言之外，也呈现出他对居住意义的新探究；青山周平则在传统的四合院空间中，融入新时代的居住生活方式。

建筑评论家金秋野将36㎡的空间改造成了诗意的自宅，改造后的空间除了满足设计师一家三口的居住需求，还以多种不同的形式语言创造了都市梦境。

仓库住宅和皮帕的家两处案例，反应了年轻人生活方式的多变与随性。他们希望在工作打拼之余，拥有一处轻松自在的空间——不需要大，但要丰富。居住空间通常在简单的硬装基础上，更多地将预算用于家具、灯具、装饰等单品中。它们充分反映了主人的爱好，例如乐于社交的人可以将公共空间灵活划分，在私享与分享之间寻找平衡；热爱艺术的主人可以打造微型展示空间，将收集的艺术品、小玩意或者自己的作品置于其中，可根据需要随时更换，符合自己不同的心情。

"轻装修、重布置"的方式更适合快节奏的年轻人。而相反，在别墅与精品住宅空间中，更多讲究整体设计，以及软硬装的精确结合。墙体与柜体、顶棚与灯光、家具与艺术品，均需要设计师进行精确的场景预设。无间设计的上海翠湖天地和广州华远云和墅两处项目，定位城市精英人群，空间讲求简约明朗、布局大气，更多通过材质、线条、工艺等现品质，无论整体还是细节都耐人寻味。

尚壹扬事务所的成都文儒德项目则通过设计手段，增加"交流"空间，构建新型人与人以及人与物的关系，增加居住人群的幸福感。亚里蒙住宅作为旧建筑改造案例，将历史结构部分裸露，以旧有构建重新组成新家具，表达对手工精神的敬意。墙面、门洞的设置更为自由灵活，不同的时代痕迹合理地组合，人的成长与空间故事的延续，同时同地发生。

尽管居住空间的面积、形式、所处位置不尽相同，更具自我的表达，更人性化的家具、更丰富的户型想象，都是人们无尽的探索与追求。房屋有价，家的意义无价。

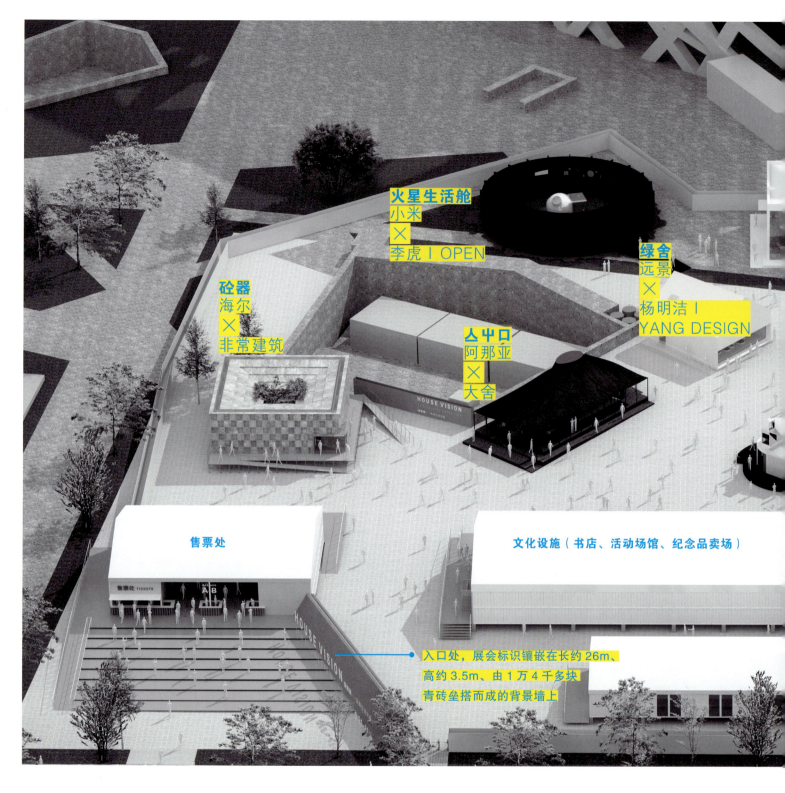

探索家
CHINA HOUSE VISION

资料提供 | GWC长城会

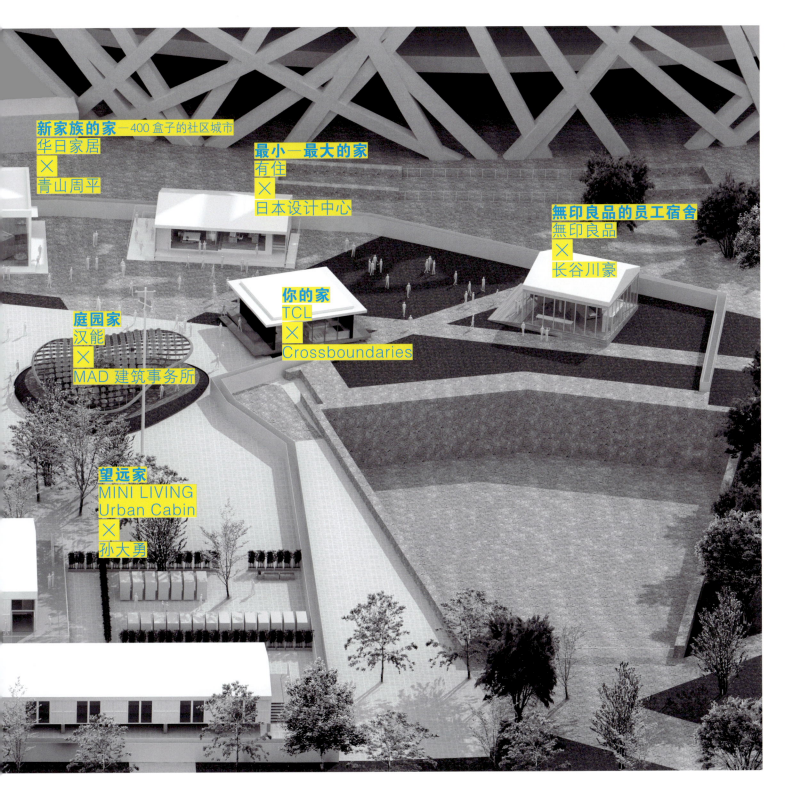

新家族的家—400盒子的社区城市
华日家居
×
青山周平

最小—最大的家
有住
×
日本设计中心

無印良品的员工宿舍
無印良品
×
长谷川豪

庭园家
汉能
×
MAD建筑事务所

你的家
TCL
×
Crossboundaries

望远家
MINI LIVING
Urban Cabin
×
孙大勇

　　带着对"未来居住新常识"的猜想，日本设计大师原研哉（Kenya Hara）携手10位中外知名设计师与10家企业，创造了10座最具颠覆性的房子。2018年9月21日至11月6日，"CHINA HOUSE VISION 探索家——未来生活大展"以"新重力（New Gravity）"为主题，将这10座"未来之家"以1:1的建筑空间呈现给公众。

　　作为原研哉所发起的第三届HOUSE VISION展览，"新重力"由GWC长城会主办。它延续了前两届对"家"的社会层面的探讨，同时将建筑、设计、科技、制造等多个产业进行跨界融合。此次展览最大的特点就在于，聚焦中国居住环境中存在的机遇和挑战，挖掘技术乌托邦下的个体智慧，以打破地心引力这样的决心、勇气与创造力，探寻未来的理想居住方式。

主题

砼器
海尔 × 非常建筑

在新的人居关系学中，家电不再是在墙角完成工作的器具，而是家的一员。
"砼"字，由"石、人、工"三字构成，原意为人工合成的石头混凝土。
它的设计不仅有建筑材料，还有人和电器的参与。
该合院由三个"圈"组成，
最内部是类似于小型庭院的自然区，塑造宜人环境，调解微气候；
中部是住宅的设备和家居；
最外部则是可播放投影的墙面。
三个"圈"之间通过建筑与电器的融合带来生活质量的提升。

时隐时现的隔断
生活用品送至洗脸台停靠站。
由调光玻璃构成的隔断，
可在透明和非透明之间自由切换。
若切换为非透明状态，可遮挡强光，
保护个人隐私。若切换为透明状态，
则变为一个开放的空间。

自然和生活之器
光和风是人类生活中不可或缺的
元素，我们对这个家的定位，
是承载自然和生活的容器。
将中庭设计为"口"字型，
将自然纳入其中。

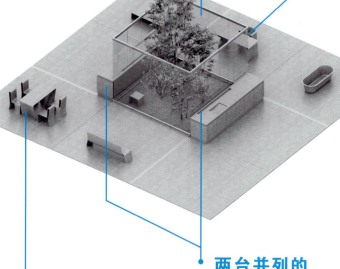

两台并列的
复合家电
面朝中庭设置了两台复合家电。
一台在厨房，具备冰箱、洗碗机、
烤箱和微波炉等厨房所需的功能。
另一台在洗脸台，具备洗衣机、
衣物清理机、收纳等浴室所需的功能。

低碳型新材料
这种低碳混凝土采用了与
宝贵石艺共同开发的再生水泥。
它不仅可以用作建筑材料，
还可以用在家具和家电上。

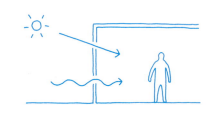

无人机停靠站

两台复合家电中内置了无人机停靠站，
可经由中庭来回搬运物品。
便当、蔬菜等送至具备冷藏、
保温功能的厨房停靠站，
生活用品送至洗脸台停靠站。

活动隔断墙形成的分节

人们的生活是变化多端的，
因此采用了活动隔断墙，
以此实现一种可满足多样化
生活方式的空间。或将每个房间
独立成单间，或把内外连接起来，
打造一个大开间，
可以如此随心所欲地改变布局。

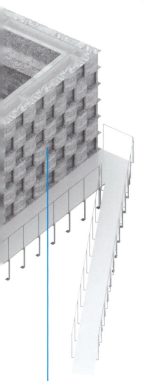

透光通风的多孔混凝土

我们选择了具有代表性的人造材料——混凝土，来建造这个"自然、人造物质、人类三者共存"的家。
这个家一改混凝土素日厚重封闭的形象，使用多孔轻量混凝土薄壳，打造了一个透光通风的居住空间。

新家族的家 —— 400盒子的社区城市
华日家居 × 青山周平

越来越缺少家的感觉。他将作品定义为"半建筑、半家具",
即突破建筑和家具的界限,通过半建筑、半家具、可移动生活盒子,
来思考中国年轻人未来的生活方式。
在半公共、半私密的居住方式中,北京胡同是个典型的例子。
青山周平从中得到灵感,把房间缩小,变成"盒子",
保留最小的私人空间,而外面是共享的家具。
"盒子"可以在华日家居这样的家具公司生产,下面装有轮子,能够移动。
你可以自由组合,把它变成拥有平台的房间、LOFT等各种形态。

共享微型城市空间

附近的家具和盒子一样,均设有车轮,可以自由移动。
通过放置盒子和家具,邻里空间产生了流动性的变化。
这并非传统意义上的集体住宅,而是活力无限的共享型城市空间。
它呈现有机的形式,是一个立体的微型城市。

颠倒家具的位置

将家具从房间内挪出,附在房间外侧,构成一个盒子。
颠倒家具的位置,压缩了个人空间,拓展了公共空间。
置于房间外侧的家具不再是私人物品,而是在社区内共享。
自己挑选需要的功能,添加到基本单元中,
可以按照喜好进行定制。除了书架、起居室、晾衣杆等,
还有电影放映厅等共享功能。

在家具厂中建造的家

由于这是一个可简单组装的居住空间,
因此与传统意义上的家不同,无需现场施工,
在附近家具厂的流水线上即可制造,
完工后运至需要改造的建筑中。

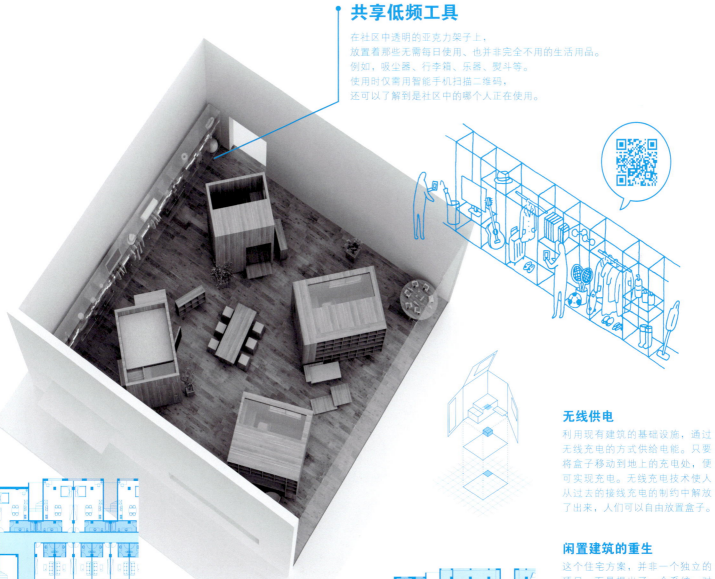

共享低频工具

在社区中透明的亚克力架子上，
放置着那些无需每日使用、也并非完全不用的生活用品。
例如，吸尘器、行李箱、乐器、熨斗等。
使用时仅需用智能手机扫描二维码，
还可以了解到是社区中的哪个人正在使用。

无线供电

利用现有建筑的基础设施，通过无线充电的方式供给电能。只要将盒子移动到地上的充电处，便可实现充电。无线充电技术使人从过去的接线充电的制约中解放了出来，人们可以自由放置盒子。

闲置建筑的重生

这个住宅方案，并非一个独立的项目，而是提出了一个系统，对今后中国城市中的各种闲置建筑进行改造。在当代的中国城市，曾经的工厂很快便会成为闲置建筑。轻工业已经转移到中国的内陆城市或东南亚国家。该方案将对这些大量的闲置空建筑进行改造，打造成一种共享社区，为其赋予新生。

普通的平面设计

最小化的私人空间和最大化的共享空间

缩小私人生活空间，丰富共享空间。在普通的平面设计中，虽预留了稍大于 5m² 的空间，但几乎没有生活区域。而在这个方案中，房间缩小到了 5m²，整个楼层都成为生活空间。

400盒子的社区城市

亼屮口
阿那亚 × 大舍

"舍"字,可以拆成"亼屮口",
是屋顶的支撑和台基,有点像原始棚屋。
这栋玻璃宅引入了中国传统建筑中营造的概念,
即"舍"与集体、开放相关。
它并非是一座封闭的私人住宅,而是构筑邻里关系的场所。
在"人"形的屋顶下是室内和外廊。
居所外围放置"居住盒子",
试图把所有生活职能逼到空间的外围,
并通过家具打造的内外开放性,
重新定义住宅与环境、他人、社会、城市间的关系。

由下面三个字组成的"舍"字。
从古至今，所有的建筑均可简化为屋顶、支柱和地基三个要素。
这种形式跨越文化的隔阂，遍布世界的每一个角落。

 ——屋顶

 ——支柱（或横梁、招致宾客的织物）

○——地基、围墙

超薄混凝土屋顶

将钢筋编织成网状，然后浇筑混凝土，建成厚度仅有40mm~50mm的宽阔屋顶。结构的计算确保该曲面屋顶足以承受自身重量。

度假别墅变身为商店

既可远离久住的城市，悠然地休息；也可开间店面，与当地人接触交流。例如，打开面朝街道的"外室"复合家具，开一间定期营业的咖啡厅、拉面馆、服装店或是杂货铺，在与当地人的交流中度过美好的时光。

通过复合家具"对外开放"

复合家具具有十种功能，通过操作复合家具，可以控制内外的界限。既可实现空间的开放，也可以此与外界交流。

家划分为三个空间

向外延伸的檐下空间——"外室"、随着开合式复合家具而延伸的空间——"内室"、集合了私人性功能的"浴室"。

外向型的家

阿那亚，致力于"作为第二个家的别墅"的开发。不仅追求别墅作为建筑而应具备的空间品质，还在思考如何把家打造成一个开放的社区。此次提案，并非把别墅视为个人或家庭的私有财产，而是积极地探索着与社区的关联。

私人核心区域

浴缸和坐便器设在一楼，高度低于矮墙，可以保护隐私。
阳光透过屋顶的天窗照进浴缸。
楼上是冥想空间，可享受轻松的独处时光。

主题

最小－最大的家
有住 × 日本设计中心 原设计研究所

"零边界"探索一种新的住宅格局，
把整个建筑的内外边界去掉，为家提供更多可能。
随着独居和两人居住人口的不断增长，
人们对居家生活高效率、高品质的需求也不断提升。
"零边界"的家以通透格局来应对这一新趋势。

投映出世界的窗户
随着高性能投影设备的普及，
如今在房间里也能
投影出超高清晰的影像。
作为连接生活与社会的枢纽，
影像空间将变得愈加重要。

美好的休息场所
独居或两人一起生活，不需要餐桌。
今后，厨房是做饭人和吃饭人一起
使用的地方。打开电脑，就变成书房，
插上花，又成为可以饮茶品酒的地方。

重新定义"睡眠"
现有的床，通常只是一件以睡觉为目的家具，
靠在房间的墙上。但实际上，
我们经常在床上给手机充电、
查看邮件、读书，或者睡前小酌一杯……
床，应该是一件可以承载各种睡前活动的家具。

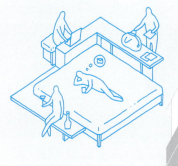

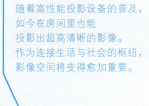

四方家具
重新编辑行为活动的关联性，
打造可 360° 自由使用的多功能家具，
使功能和空间相互作用，提高空间利用率。
三面墙全部设计成收纳。

无印良品的员工宿舍
无印良品 × 长谷川豪

设计师试图通过对空间的整合、归纳，完成新的共享住宅空间，
达到既重视个人生活，又能唤醒正在逐步退化的邻里关系的效果。
单身公寓项目采用不用墙壁进行分割的合租形式，
能够自由组合的收纳柜既能将空间分割开来，还可以打造立体化的空间。
作品既有私人的空间，也设立了共享的部分——卧室和公用部分相互交错，
厨房也体现出共有的理念。

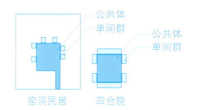

个人包围公共的空间结构

追溯中国的历史，无论是为应对严寒酷暑而调整采热环境的横穴式窑洞，还是根据封建时代的礼法和风水方位、围绕着庭院布置房间的四合院等，这种用个体包围公共的空间结构，即共享住宅的形式自古就有。

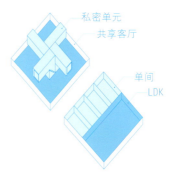

个人与公共的分开方式

一般的 nLDK 型合租房，
都是用墙把私人空间与公共空间隔断、并排，
而在这所住宅里，是用立体单元将个人空间与公共空间上下分隔开来。

大于家具，小于房间

结构材料中使用 50mm 见方的钢框架。通常，它用在建筑上太细，用在家具上又太粗，因此这个尺寸不太常用。但现实中搭建高层住宅的上层时，50mm 的钢架可以人工通过电梯搬运。50mm 的框架粗度和 1600mm 的空间单位，做家具太大，做房间又太小。此次选用这种尺寸和单位，创造出一种全新的居住空间。

建造员工宿舍

上海良品计划员工宿舍的原型。上海市区内房租高昂，房源也很少。
在上海办公室和店铺工作的员工大多住在郊外，坐地铁单程要 3 个小时。
而且他们居住的公寓不但距离市中心很远，而且非常窄小。
大城市人口集中、住房不足是全中国的问题，
良品计划希望在改善员工生活环境的同时，
也对新都市居住的应有状态进行提案，因此委托长谷川先生。

从公共到个人

走进之后就是壁挂式收纳架。
和无印良品的搁架单元一样，
设置了由 400mm 见方的模块组成的壁挂式搁架。
单元里面是卧室。往里走，就成了私密的空间。

已有的基础设施

水、电等设备是从已有的基础设施，
利用单元之间的空间排设管道。

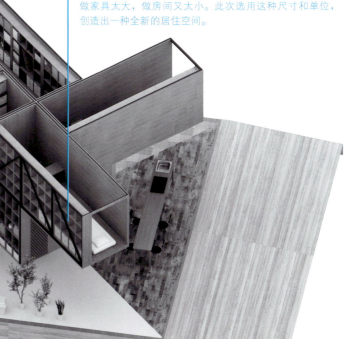

主题

绿舍
远景 × 杨明洁 | YANG DESIGN

在"家"中设置一个创新装置，
展示能源通过光与水的转化，
实现植物的栽培，进而实现一个充满绿意与情感的家。
杨明洁说，"家的主人是一位工作繁忙的女性白领，
她出门在外时可以通过手机控制植物的生长；
远在另外一个城市的父母亲，
可以通过手机帮她照料北京家中的菜园；
远在海外的男朋友，
也可以通过手机在她北京的家中为她栽培一朵花，
在某一个特别的纪念日，鲜花盛开，送上祝福。"

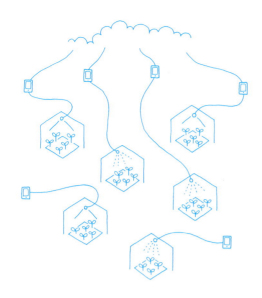

未来的"农业"将在家中完成

新时代的农业将在每家每户完成。并非在农场种植，然后分配给每个人，而是由每个家庭种植蔬菜。

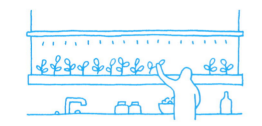

水之雕塑"方寸"（蹲）

利用艺术作品，将水的生成过程展示出来。
移动一滴滴细小的水珠，
那景象宛如雕塑一般。

在厨房中也能栽培植物

厨房上方悬挂着一排花架。
花架中可以栽种罗勒草、香菜等，
也可以直接采摘成熟的香叶入菜。

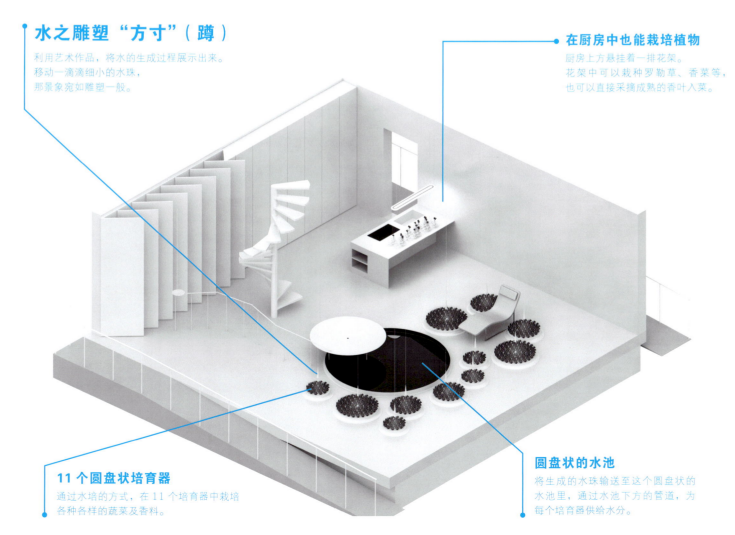

11个圆盘状培育器

通过水培的方式，在11个培育器中栽培各种各样的蔬菜及香料。

圆盘状的水池

将生成的水珠输送至这个圆盘状的水池里，通过水池下方的管道，为每个培育器供给水分。

你的家
TCL × Crossboundaries

作品在空间内模拟了未来的家。其中，电视介入的方式充满科技感。
在不需要的时候，电视如变色龙一般可以隐形消失在家居环境中。
在人接近的时候，通过传感器可以让电视在墙面上显现出来。
这件作品的基本建筑元素是水平和垂直的平面，
而无论是在顶棚，还是墙面上，
你都能找到 TCL 的家电电视产品的应用，
不仅满足智能生活的需要，
也构建出虚拟现实 —— 你想要置身池塘旁，
电视就可以为你呈现出一个池塘。

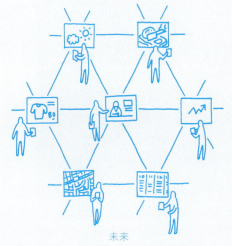

未来

过去

拟态和姿态

电视机是一个立方体，为和周围的室内装饰同化，
以"拟态"的方式融入空间内。而在融入室内装饰的同时，
又通过放映的内容来提示它作为电视的"姿态"。

连接社会和人的窗户

过去，电视是家人团聚的地方。
如今，显示器和屏幕变得私人化，
每个人都各自拥有一块屏幕。
因此，家里的显示器也开始扮演起新的角色。

一边和孩子对话，
一边做家务

移动墙壁，
创造出一体化的空间

在客厅观看大屏幕
（墙面）电视，爸爸在书房工作

空间结构的变化与"姿态"

人们对空间的要求，因活动内容而异，
因此，我们设计了一种活动隔断墙，
打造出一种可灵活应对不同需求的空间结构。
只要移动四面活动墙板，将客厅与儿童房
连接起来，在卧室周边围上活动墙，
便可打造一个私密的空间。配合或分隔
或连接的空间，多功能电视会展现出诸多的
姿态，从内容视听到空间艺术展示，
还可以作为与社会的连接点、
同其他家电联动的载体等。

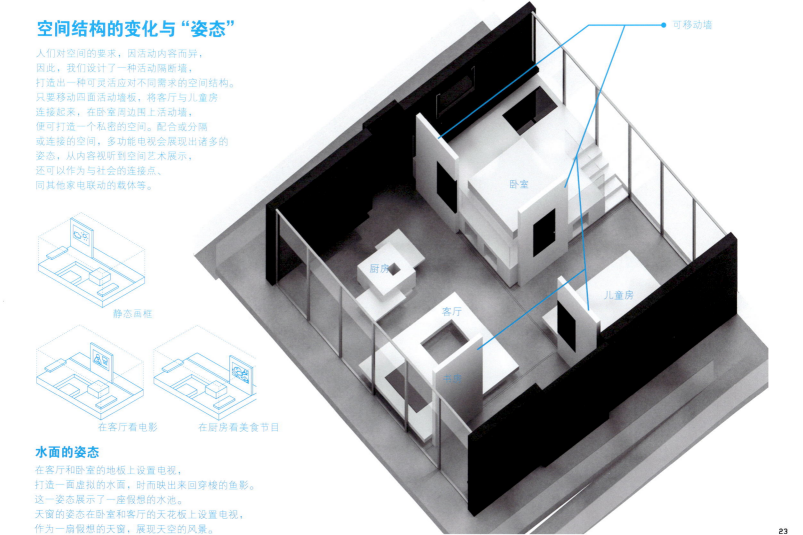

静态画框

在客厅看电影　　在厨房看美食节目

水面的姿态

在客厅和卧室的地板上设置电视，
打造一面虚拟的水面，时而映出来回穿梭的鱼影。
这一姿态展示了一座假想的水池。
天窗的姿态在卧室和客厅的天花板上设置电视，
作为一扇假想的天窗，展现天空的风景。

火星生活舱
小米 × 李虎 ｜ OPEN

李虎认为，在环境危机四伏，
消费欲望无穷的年代，
"家"也需要对未来探索、对现实生活反思。
当产品间的网络连接升级为物理连接，
我们将获得一个包含能量、水源与空气的闭合环路。
在"火星生活舱"中，这些产品将不再只是单独的物体，
而是被整合成家的一部分。
生活空间达到最小极限，
把家做成一个类似手提箱的样子，
运输时合起来，使用时打开。
打开后的"家"由两部分组成，
一部分由各种产品构成，作为"物质性"的载体；
另一部分，人们可以在这里看书、运动、发呆，
更多作为"精神性"的载体。

可充气

可折叠

行李箱般的家
若将家从地球搬到火星上，那么家的体积和重量将会受到限制。因此，我们将生活环境所需的设备缩至最小，将居住空间收纳起来，然后搬走。换言之，在搬运过程中把居住空间折叠起来，尽量缩小它的体积，到达火星后，如同打开行李箱一般打开这个空间。

对航天计划的憧憬
20 世纪 60 年代，
以美国和俄罗斯为核心的
航天开发竞争吸引了全世界的目光。
李虎受到 20 世纪 60 年代出现的
宇宙飞船等产品设计的深刻影响。

各司其职的区域
这个居住空间分为满足人们生理需求的区域（浴室和厨房）以及满足人们精神需求的区域（起居室）。在紧凑的空间中满足生活所需的功能。后者从前者的单元中膨胀分化出来。

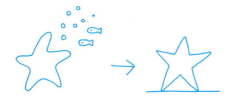

近未来材料
设备单元采用铝材以减轻重量。
居住空间最好选用坚硬且可以记忆形状的材料，
如同海星或海参一样，在海水中柔软无比，
到达陆地上就会变硬。

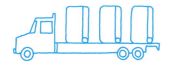

舒适且最小的空间
火星，是比喻一种极限环境，
能最大程度上提升空间的使用率。
过去，小住宅大多以避难为使用目的。
但是，若结合小米的物联网家电技术，
即使身处非常小的空间，也能拥有舒适的生活。
这或许可以用作度假休闲时的移动式住宅。

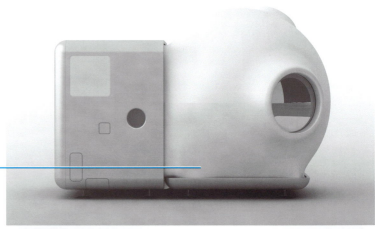

家电的集合，即为家
小米产品多种多样，
而且均可通过网络连接起来。
因此，可以构筑一个体系，
用来自动生成空气、水分和电能。
换言之，通过产品的联动，
来打造一个家。
该构思是这个家的根本所在。

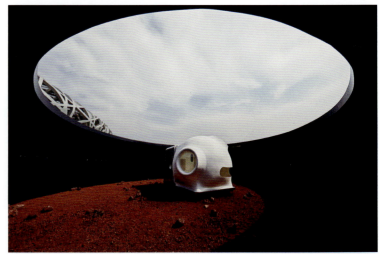

主题

233 块薄膜太阳能电池
2 种模块化太阳能电池覆盖着大屋顶。
一小时的发电量可达 3.896kw。
据说三口之家平均一天耗电约 18kwh，
参考日照时间，这个屋顶即可满足一天的耗电量。
（数据由原设计研究所提供）

像皮肤一样的家
面对外界的不确定因素，人类为了保护自己而创造舒适的
生活环境，家随之不断进化而来。另一方面，
随着新技术、建筑的发展，"还可以这样居住"
这一挑战精神也构成了家和住宅进化的动力。
在这个家里，我们利用全新的科技，探索后者的可能性。

生活在舒适的庭园里
家里景观蔓延，时而感受到沁人的凉意，
时而感受到叶间照下的阳光，空间随季节和时间
而变化。创造内外的界线，也是在创造人和自然
的关系，人的感情在环境的种种变化中得到滋
养。这个家，来访时可以有所感，驻足停留后，
更可以体会到环境的变化。
通过高超的技术和开阔的空间，可以感受到环境丰富
多彩的变化。宛如生活在庭园里一般。

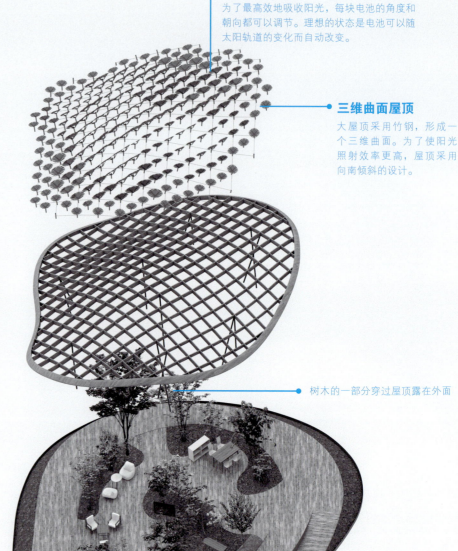

太阳轨道和薄膜太阳能电池的变动
由于太阳轨道随季节和时间带而变化，
为了最高效地吸收阳光，每块电池的角度和
朝向都可以调节。理想的状态是电池可以随
太阳轨道的变化而自动改变。

三维曲面屋顶
大屋顶采用竹钢，形成一
个三维曲面。为了使阳光
照射效率更高，屋顶采用
向南倾斜的设计。

树木的一部分穿过屋顶露在外面

高 1300mm 的玻璃隔板

创造空气流动
大屋顶由 14 根直径 70mm 的柱子支撑着，
仿佛轻盈地悬浮在空中。
屋顶和周围的玻璃墙壁上留有缝隙，
使空气从外至内的流动。

庭园家
汉能 ×MAD 建筑事务所

人类科技越进步，就会越贴近大自然。
"庭园家"是一栋水滴式的建筑，
从远处看像一个漂浮的屋顶，置身其中，
建筑与自然的边界似乎也变得模糊了。
屋顶由高性能竹基纤维复合材料
——竹钢打造而成，
具有绿色环保、强度高、可塑性强、
耐久性和耐候性好、阻燃性强的特点。

望远家
MINI LIVING Urban Cabin × 孙大勇

这个项目是对四合院的全新诠释，
在住房的基本功能中，
加入一个不可思议的新的窗户。
使得人们透过顶棚就如同观影一般，
将城市外部的人间烟火尽收眼底，
这就好比在顶棚装了三维立体的新窗户。
15m² 的展馆包含了卧室、厨房和卫生间，
以一种开合的方式，呈现出多元的业态组成，
当盒子封闭时，它是一个 15m² 的房间；
当盒子打开时，它实际上是向整个外面的空间开放，
房子和树，和自然融为一体。

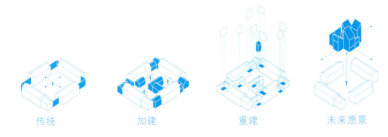

传统　　加建　　重建　　未来愿景

四合院的再生

在四合院中，中庭是家人休息的地方。改革开放以后，随着人口向城市聚集，四合院被分售出去，几户人家同住一院。中庭里、屋顶上，都被毫无秩序地增建、改建。结果，原本宽敞的庭院多变成了狭窄的通道。如今，人们多从胡同移居到市区，因此那些增建的房屋现在都空无一人。孙先生认为，那些增建物也是历史的一部分，是人们生活过的痕迹，应该保留下来。因此，他设想将空房改造成具备公共功能的建筑。

2 个反射

1. 物理反射（作为一面镜子，映照物象的功能）
2. 精神反射（回望过去和回忆的功能）

为了不让儿时在四合院玩耍的记忆同街道一起消失，以有形的方式将其保留下来，这种创意即反射。
物理反射剪辑城市的风景，回望自己的过去与城市的历史。
打造整合了望远镜和万花筒两种功能的天窗。

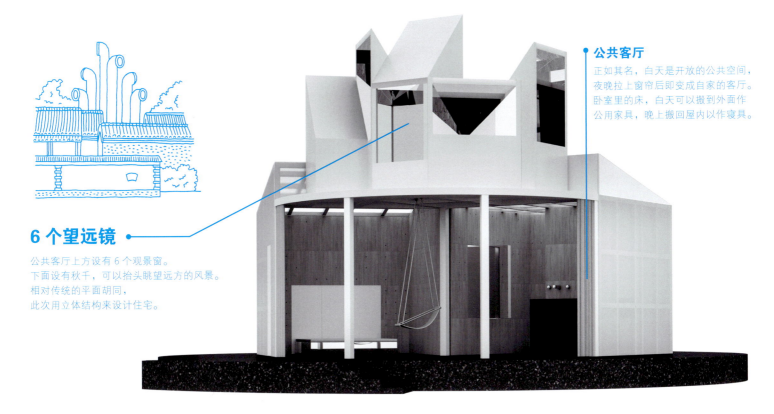

6 个望远镜

公共客厅上方设有 6 个观景窗。
下面设有秋千，可以抬头眺望远方的风景。
相对传统的平面胡同，
此次用立体结构来设计住宅。

公共客厅

正如其名，白天是开放的公共空间，夜晚拉上窗帘后即变成自家的客厅。
卧室里的床，白天可以搬到外面作公用家具，晚上搬回屋内以作寝具。

主题

白塔寺胡同大杂院改造
WHITE PAGODA TEMPLE HUTONG COURTYARD RENOVATION

| 摄　　影 | 夏至 |
| 资料提供 | B.L.U.E.建筑设计事务所 |

地　　点	北京西城区宫门口二条14号
设计事务所	B.L.U.E.建筑设计事务所
建 筑 师	青山周平、藤井洋子、杨雨嘉、王丹梨
业　　主	有术sth.here
用地面积	246m²
总建筑面积	215m²（底层建筑面积189m²、客房loft建筑面积26m²）
设计时间	2016年8月～2017年2月
施工时间	2016年11月～2018年1月

1 鸟瞰
2 庭院

越来越多的年轻人离开了胡同中的老宅，选择在高楼林立的城市新区中生活。老城区变得越来越像是老年人的城市。如何让年轻人重新回到老城中生活，是城市更新的一项重要内容。

因此，我们希望在这个改造项目中，一方面尊重院落的原始空间格局，保留以前的空间特质。另一方面，将其改造成为适合现代年轻人生活方式的居住空间。这是街区更新及此类建筑改造项目应循的方向。

概况

项目位于北京33片历史文化街区中的阜成门内历史文化街区，区域内约5600户，户籍人口约1.6万人，常住人口约1.3万人。在这个区域老龄人口占19%，外来流动人口近50%。将近807个院落，现存4000余幢建筑，70%的房屋质量较差，是一片居住环境有待提升、建筑质量有待改善、文化功能有待梳理的历史街区。因此，在当前北京推动老城整体保护与复兴的背景之下，众多建筑师用单体院落或单体建筑改造的项目作为触媒，紧密结合当地居民的具体需求，进行城市更新的思考与探索，从而进一步提升当地居民的生活品质，延续城市历史文化脉络。

作为北京二环内胡同中的传统合院建筑改造项目，本案院落占地约250m²，我们将曾经的破旧杂院改造为四合院民宿。结合业态要求，试图在北京传统的四合院空间中融入新时代的居住生活方式。

院落位于一个Y字形路口，相对难得地可以看到完整的两个沿街立面，院墙可以较为完整地展现在人眼前，视觉上对院落整体有非常直观的感受。院内原本容纳了8户人家共同生活，为满足生活面积的需要，院内违章加建现象较为严重，形成了典型的大杂院格局，空间杂乱局促。因此，我们将院落中心位置的加建建筑拆除，还原出合院的原始格局。

关于设计

进门首先是一条笔直的廊道，右侧是对公众开放的咖啡馆，廊道尽头是内院的大门。

院内共设计6间客房，建筑面积与功能布局各不相同。其中最小的房间为20m²，最大的房间为30m²。其中3间是loft格局的小客房，另外3间为大客房。且房间内部在色调上有所区分，3间客房为浅色调，3间客房为深色调。除客房外，其余室内空间均为公共空间，日常作为展览空间使用。

拆除加建建筑后，6间客房及展览空

间重新围合出一个方形庭院。在庭院南侧中心位置，我们使用拆除原有建筑而保留下来的旧青砖搭建了一座楼梯塔。顺"塔"盘旋而上，是展览空间的屋顶，经过结构加固之后作为屋顶露台。在大树的庇荫之下，近可俯瞰整座院落，远可眺望妙应寺白塔，而展现传统建筑群体魅力的屋顶立面，也连绵起伏地尽在眼前。

解决老宅的痛点

建筑改造类项目首要解决的问题是原始条件不足。大杂院改造同样如此。根据以下几个现状特点，我们采取了相应的解决措施。

问题一是室内面积不足，根据设计任务要求，需要在有限条件下塑造出舒适的居住环境。我们采取竖向使用空间的方法，提高空间使用效率。局部下挖地面，并拆除原有吊顶，利用传统建筑的屋顶空间做成 loft 格局。

问题二是采光通风不足，我们几乎为每间客房都设计了屋顶天窗，大幅度增加采光效果。根据冬季采暖保温需要，天窗选用双层玻璃（平面玻璃顶使用三层中空玻璃）来降低导热效应。并在房间立面，每个客房门侧都做了开启窗的设计，辅助通风。

问题三是采暖保温不足，除了在玻璃的使用中选取保温性能较好的材料之外，我们将全部室内地面铺设了地暖，作为冬季的主要采暖措施。

问题四是隔声差，根据房屋现状情况，我们为每个房间的隔墙增加隔声材料。

问题五是卫生间搭建不规范，现状院中已有院厕，但未经任何处理，直接将生活污水排至市政管网。现状宫门口二条胡同中的下水管道为雨污合流设计，如此夏季难免会有气味散发。我们在院内建造了标准的化粪池，将所有的卫生间内污水排至化粪池，经过处理后合格达标的生活污水，沿用原有管路排至胡同内市政管道中。

空间记忆的传承

这个项目的设计逻辑是在现有条件下因地制宜，着重对现状材料的发掘与再利用。在改造过程中，不断出现的意外发现给设计带来了新的思路。跟随施工阶段的新的进展，设计也不断地变化发展，由此也可称为"没有逻辑的逻辑"。

比如，将建筑的木结构脱漆处理之后，露出的原本的木色干净朴素，展现出古朴的气息，于是我们保留了木结构的本色。在做地面基础和院内排水时，在现状地坪下约 1m 处挖出 7 块大约是清代的条石。

1　庭院
2.3　改造前
4　接待处咖啡厅

我们选取其中4块作为客房与院门门口的踏步石阶，重新赋予了新的功能与使命。我们保留原有建筑的旧的窗框，在不同的房间中重新组织利用，处处可见这座院落旧时的生活气息。予以保留的还有大量的旧青砖，具有几十年至上百年不等的历史。我们使用这些老青砖搭建成庭院内中心位置的楼梯塔，其间点缀嵌入现代材料玻璃砖，这座"塔"就连接了院落的过去与未来，是空间记忆的传承。拆除的虽然是违章加建的建筑，但也是整个院落历史中不可或缺的一章，更是城市记忆的一部分。

私密性与开放性

在院落与城市的关系上，传统合院的建筑形式是一种较为私密的居住空间。杂院的居住特点是相对开放的，这种开放性加强了人与人之间的交流。我们希望在这个项目中，可以实现在城市公共空间与居住私密空间之中，建立一个可进行交流的、半私密半公共的空间。

我们将入口处的房间设计为咖啡馆，同时为内院的民宿部分提供接待功能。院落主入口采取向胡同开敞的设计，使廊道连同咖啡馆变成了城市空间的一部分。咖啡馆内仅有一张大桌子，民宿内的住客使用早餐时，当地的客人也可以来喝咖啡，大家一起坐在同一张桌前进行交流。

展览空间位于内院，可分时段对公众开放，也增加了院落与城市的交流。

在客房与客房的关系上，在传统的星级酒店中，客房部分通常统一设计为彼此封闭的环境。我们想要打破这种封闭的氛围，所以在房间立面设计了大面积的落地玻璃，并将客房内看书、座谈等相对公共的功能区布置在窗边。这样除了增加采光，不同客房的客人可以互相看到彼此，进行某种程度的交流。而在房间内侧或墙体后面，安排了就寝空间、卫生间和浴室，保证了生活的私密性。

胡同的居住环境特点，是人居环境和自然环境的有机结合。整座合院分为6间客房，各自分室而居。我们尽力为每个独立的房间都营造出自然环境或是赋予自然环境的体验。1、2号房将一角的屋顶改造为玻璃屋顶，并种植绿色植物。在室内可时刻感受自然光线变化，营造室外庭院的氛围。5、6号房分别拥有真正的室外庭院，是属于客房独享的室外空间。

在胡同里，"树"和人们的生活环境有密切的互动。夏日炎炎，阳光被大树繁茂的枝叶遮挡在外，留下一隅阴凉。冬天树叶凋零，阳光穿过枝桠洒落院里，温暖明亮。人和树的关系是有机的。因此，院落内保留了一棵数十年的老槐树，延续了人和自然的有机关系，也维护了人与自然之间的微妙的互动。

以往一些四合院的改造，更多注重在建筑外观的更新和建筑质量的提升。但在老街区里，在胡同中，四合院建筑的改造不应仅仅停留在外观符号性的重塑，更重要的是保留生活的体验：和树一起生活的体验、在庭院生活的体验、开放的生活体验、和城市结合的生活体验，以及每个角落里属于这个城市的记忆。这些在外观看不到的部分，是四合院最独特的文化记忆。

主题

| 1 | 3 |
| 2 | 4 |

1　接待处咖啡厅
2　廊空间
3.4　拥有不同形式庭院的卧室

主题

1.2.5 拥有不同形式庭院的卧室
3 微庭院
4 阳光充沛的卫生间

宋宅
SONG HOUSE

摄　　影	姚力
资料提供	张雷联合建筑事务所
地　　点	上海奉贤
功　　能	住宅
设计单位	张雷联合建筑事务所
主持建筑师	张雷
设计团队	马海依、洪思遥、章程、袁子燕、黄荣
面　　积	280m²
设计时间	2018年
竣工时间	2018年10月

1 西立面局部
2 南面

文明的进步和幸福指数并非是简单的正比关系。上海，作为中国GDP最高的城市，也是闻名世界的国际大都市，城市及其郊区的乡村同样面临各自的困境和冲突。在城市打拼的普通市民，他们努力工作的回报，并不能完全化解现实的压力，而乡村社区和人居环境的衰落也同时在发生。

故事的缘起是委托人老宋居住在奉贤乡下需要照料的老母亲、年久失修的老屋危房；以及辛苦工作的孝顺儿子老宋在上海城区的住所难以给老人提供舒适独立的居住条件，老人也完全不能适应上海顶层阁楼的蜗居生活。

老宋夫妻的梦想是退休后从上海城区回到家乡奉贤南宋村，将老家的危房拆除重建，造一栋适合老年人使用，全家老少都喜欢的新房子，更好地照顾已经82岁的老母亲。为了帮助在上海的女儿、女婿安心工作减缓生活压力，老宋和太太商量邀请身体不太好的亲家夫妇一起回奉贤，方便相互照应抱团养老。为此，作为工薪阶层的一大家几乎动用了所有积蓄，这栋房子也凝聚了他们一家老少四代八口对未来田园生活的美好想象和热切期盼。

用地范围及建造面积

项目用地范围为原有宅基地，审批通过的自建房建筑占地面积104m²，两层总面积208m²（实际建造可不超过213m²）。

当地建房规则

建筑限高：2层建筑层高限定为6.7m，檐口标高8.0m，屋脊标高为8.0m+房屋进深的1/4。

不计面积部分：2层以上，阳台（出挑不大于1.5m）、飘窗（出挑不大于0.6m）、楼梯平台（出挑不大于1.0m）不计入建筑面积。

房屋居住情况

常住5人：

委托人老宋：55岁，电工，身体健康；

委托人夫人：53岁，退休，身体健康；

老母亲：82岁，农民，农保，患心脏病、时常头晕、行动不便、听力障碍、不识字、不会讲普通话；

亲家：68岁，退休，身体不好，经历2次大手术，有时需要用轮椅；

亲家母：66岁，退休，患腰椎颈椎疾病，神经衰弱，睡眠质量不佳。

周末节假日回家3人：

女儿：31岁，公务员；

女婿：36岁，通信行业；

外孙女：5岁。

设计延续奉贤当地新民居二开间朝南的空间格局，在规则方正的体量中心运用新民居不常用的天井，形成空间和生活的中心。五个有确定使用对象的卧室和不同尺度的公共空间围绕天井布局，形成独立性、私密性和公共性交织互联，兼具仪式感和归宿感的家。

一层起居室和老太太卧室朝南，卧室内仍然使用老太太以前用的雕花木床等老家具，老太太卧室也是全家温馨生活记忆的场所，是讲故事的地方。卧室旁边布置卫生间，尺寸放大的淋浴间可以二人使用，需要时为老人洗浴提供帮助。起居室是全家一起日常使用和待客活动的地方，壁炉是起居室的中心，冬季寒夜围炉夜话，其乐融融。

穿过房子中心的天井，北侧是餐厅和厨房，开放厨房和餐厅是一个大空间，是大家一起做家务、聊天、餐聚的地方，根

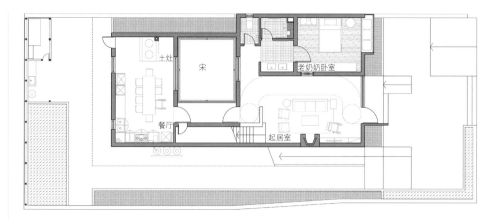
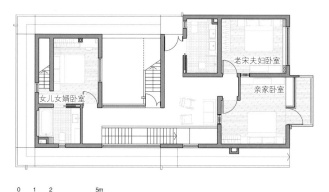
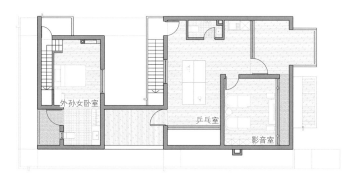

1 一层平面
2 二层平面
3 三层平面
4 拆除前的危房及房主老宋（摄影：张雷联合建筑事务所）
5 回到新家兴奋的一家老少（摄影：张雷联合建筑事务所）
6 老宅及老家具（摄影：张雷联合建筑事务所）
7 二层楼梯及天光
8 东立面

据业主的要求，厨房使用了煤气灶和土灶两套灶具，不会用煤气灶的老太太也能自己做饭。壁炉和土灶形成两种生活方式的快速切换。

天井是建筑的中心，它是精神性的，站在天井中间地面镶嵌的不锈钢宋字上，老宋会强烈感知属于他们家的一方天地。天井也是功能性的，建筑北侧的房间都能朝南向通风采光，这里也是一家人户外活动、晾衣休憩的日常场所。

建筑二层南侧是两间相邻朝南的卧室，供委托人老宋和亲家两对夫妻使用，方便身体健康的委托人夫妇照应身体不太好的亲家夫妻，两间卧室连着开放的家庭室，亲家们不用下楼就可以在这里休憩聊天。从一楼大门旁边起步绕建筑设置的坡道也在这里从室外进入室内，方便轮椅上下。家庭室旁边的无障碍卫生间可供轮椅进出，两对亲家相互照应使用。二楼北侧是老宋女儿、女婿的卧室，年轻人节假日回来需要有自己相对独立的空间，方便回家看望、陪伴和照顾老人时使用。

三层合理利用当地建房规则，通过采用天井扩大房屋进深加大了坡屋顶下面的空间高度，坡屋顶下的空间绝大部分都能正常使用，南面布置成影音室和活动室，还设计了南向的大露台，远眺周边田园风光。三层北面是外孙女的卧室和活动室，和二层她爸爸妈妈的卧室形成有趣的楼中楼跃层结构，从爸妈卧室有单独的小楼梯到上面，自成一小天地，相对独立、现代和趣味性的空间设置使得年轻一代更加乐意经常自己或带亲朋好友回家相聚。

老宋亲家夫妇有时候会使用轮椅，他们目前在上海的小区没有电梯，很少能下楼活动。坡道的设置主要是满足轮椅上下的需求，也是老人适当户外活动，感受建筑周边田园风光，接触自然、联络邻里的场所。坡道提供了另外一条感知建筑空间的路径，设计创造的大量半户外和户外场所具有丰富的游逛性和体验性。

一层的起居室、餐厅和天井，二层的家庭室和外挑阳台，三层的活动室和大露台，建筑内部丰富的多层次室内外公共空间通过室内和庭院中间两个楼梯串联，是营造家庭归属感的重要场所和催化剂，而老人之间、特别是老年人和青年人及小朋友之间的日常交流互动是老年人保持正常

思维能力促进身心健康的重要因素。适老性住宅除了在功能上满足老年生活的需求，让他们感觉用起来很方便很舒服，更需要得到年轻人喜欢，年轻人带着孩子多回来陪伴，才是老人最开心的事情。

设计在一层老太太卧室和起居室之间，二层亲家卧室之间及卧室和家庭室之间均设置了观察窗，既可以从公共空间方便观察到老人的活动状态，老人们也可以在卧室感受家庭活动的氛围。房子里面一楼和二楼楼梯间及走廊拐角处装有反射镜，公共空间尽量不留死角，方便老人孩子彼此观察照应，年轻人也很乐意对着镜子自拍美照，开心分享。

屋后不大的庭院里仍然留出了五陇菜地，是老太太日常劳作的私人定制菜园，竹篱笆围出的半户外辅房，给农村屋外清洗的使用习惯提供了便利条件，也用于放置日常使用的农具。

绿水青山粉墙田园是秀美江南典型的动人画面，方案阶段的设计构想是采用白水泥清水混凝土墙面，表现建筑纯净的肌理，成为绿色田园中浪漫的养老居所。由于造价及工期原因，实际建造改为砖混结构，老宋家拆除的老房子外墙和地面都是使用的水泥砂浆，我们希望白水泥饰面的策略能够有效地回应熟悉的文脉环境。

十年以前工作室完成了混凝土缝之宅项目，实施过程中和上海禾泰建材刘娟一起对清水混凝土墙面修补和保护进行研究有过成功的合作，之后在CIPEA四号住宅中也采用了类似外墙饰面材料和技术，这次时间紧任务急造价低，砖混结构也不同于混凝土墙面，基层需采用弹性防水膜仔细处理，刘娟再次出手相助采用白色清水防护材料保证了外立面效果。PanDOMO邦喜建材朱永彬也是在几乎不可能完成的时间里，克服交叉施工的困难完成了室内公共区域地面和墙面饰面工程，为建筑内部空间营造了自然的水泥肌理触感。

城乡一体，乡村振兴的时代使命无法一蹴而就，然而对于家住上海城区的老宋，一个简单的、追求幸福生活的愿望正在实现，成为时代大潮的一分子。年轻人在市区勉力工作安居乐业，50公里之外，老年人在奉贤老家老有所养，情有所依。一个大家庭的亲密血缘关系，将城乡空间紧密地联系在一起。END

主题

1　卧室的观察窗
2　二层家庭室一角
3　剖面图
4　起居室

亚里蒙住宅
REFORMATION OF CASA ARIMON

撰 文	Marc García-Durán Huet (arq.)
摄 影	Arifa Goula
资料提供	García-Durán & Equipo (GDE)
地 点	西班牙萨瓦德尔
设计公司	García-Durán & Equipo (GDE)
主 设 计	Marc García Duran Huet
设 备	Simone Branchani, Gabriela Castellanos, Roger MERMI
结 构	Oriol Paloul
建 造	H2O constructora / Estanislao Puig
修 复	Cristina Marti
面 积	700m²

1.3 充满艺术质感的楼梯

2 现代与复古、纯净与细腻，不同的对比在空间中发生

亚里蒙住宅位于西班牙东北部小城萨瓦德尔（Sabadell），原建筑建造于1858年，在1911年经历过一次现代主义风格的翻新。在此后的一百年间，也进行过部分修缮。所以在本次改造前，设计师面对的是一处拥有不同时代风格印记、新旧部件共存的集合体。通过观察与思考，他希望保留这种新旧共存的时光对话感，在创造的过程中融入现代化的印记，续写这座一百多年老房子的故事。另外最重要的是，在空间中最大限度地追求"光"——设计师认为，这应该是一座明亮的居所。

步入室内，便能被一座造型独特的螺旋楼梯吸引，令人恍如置身于艺术馆中。建筑师剥离了原有的楼梯构件，比如扶手、踏步，还原最粗糙的结构实体，部分构造面被覆以纯白色，纯净与裸露——这是第一重对比。同时，黑色纤细的铸铁栏杆拥有极其现代简洁的线条，与岁月质朴感的结构形成另一重对比。这座楼梯不但形成了空间中的视觉焦点，也如同一件展品，炫耀着主人的个性与品位。

除了独树一帜的楼梯，住宅内部的墙面、地面、顶棚三者也是一大亮点，依旧采用了充满反差的处理方式。设计裸露了部分顶棚的砖砌形态，将其毫无遮挡地暴露于人的视觉感官中，老旧的红砖、墙绘壁画、木质构件……与现代洁净的白色乳胶漆墙面、灰色自流平地面形成互动。墙面与顶棚精心保留了部分复古纹样，细腻精致，充满摩登气息。为了最大限度满足对光的追求，内部不同功能间形成流动空间，墙体的高度、门洞的设计十分自由。在家具、陈列上，设计师从旧建筑中提取了老部件重新组合成新的功能，同时延续了家庭的纺织传统。如利用装纺织线的旧盒子堆叠成落地收纳壁橱，将羊毛与玻璃加以组合等。

主题

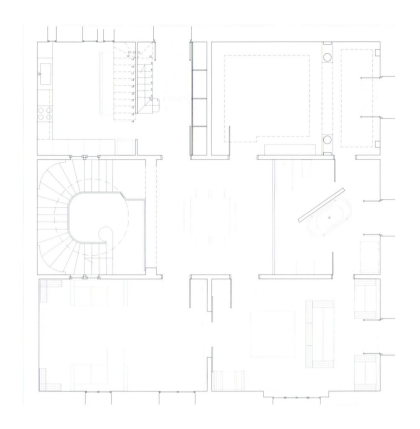

| 1 | 4 |
| 2 3 | |

1　一层平面
2.3　空间通过门洞、墙体高度的设置营造流动感
4　阁楼

1	2	3
	4	

1　卧室
2.3　洗浴空间
4　现代与复古、纯净与细腻，不同的对比在空间中发生

成都文儒德别墅
WENRODE MANSION CHENGDU

摄　　影	偏方摄影（石梓峰、杨轻轻）
资料提供	尚壹扬设计有限公司
地　　点	四川成都
空间设计	尚壹扬设计有限公司
设 计 师	谢柯、支鸿鑫、许开庆、邓磊、戴维
陈设设计	徐斌、郑亚佳、廖丹、姚丽娟
业主设计团队	绿城中国西南公司、俞超、何沛亭

1 采光井
2 地下二层门厅

中国人自古至今离不开对家的渴求与爱慕。从刘禹锡"斯是陋室，惟吾德馨"、"谈笑有鸿儒，往来无白丁"的字里行间，便可窥见"家"在中国人的传统观念里不仅被视为身体的庇护所，更代表一种精神的寄托、一份对生活方式的向往。文儒德是位于成都"金融城"片区的一套独栋别墅，尚壹扬接手这个项目的初衷就是打造一处能够赋予人幸福度的居所。

居所与人的生活息息相关，它建立了人与人之间微小的社交网络，也像皮肤一样联系着人与自然，渗透着时光的翩跹流转与自然四季的冷暖交替。但什么样的居所是能够带给人幸福感的？在文儒德的设计中，设计师谢柯和支鸿鑫诠释了幸福居所的内核——"交流"。设计师通过人与自然，人与人以及人与物之间的关系的构建，加强不同区域空间之间的联系性，让"交流"在家中随处可见。

建筑分地下两层和地上两层，设计师通过空间布局将地下二层原本单一封闭的储藏空间改造成丰富开敞的家庭休闲娱乐、宴会及阅读区。利用采光井引入自然光线，让地下一层、地下二层的采光充足，不用开灯也可以明亮通透。当人从车库步入门厅，视线所及之处充足的自然光线洒满惬意的活动空间，一天的疲惫便已消减了大半。光既是自然抚慰人心的恩赐，亦是人与自然交流的媒介。一舍之内，心情随着光影浮载。

整个地下一和地下二层空间呈"凹"字型的空间布局，让每个空间都可以有交流。设计师通过通高空间的处理，使地下一层相对私人的阅读区、瑜伽区与地下二层集中的家庭活动区域遥相对望，既考虑到个体的独立性又满足家庭成员间的社交性需求。地下一层的儿童活动区用一大滑梯贯通地下二层，在扩展儿童娱乐空间的同时，增强空间的开放性及趣味性。滑梯也搭建起大人与孩子无形中交流的桥梁，孩子在安全的居所中完成着自己的冒险，大人在徐徐下落的欢声笑语中守护着孩子的成长。

500m² 的空间，原本在一楼的厨房面积却很小。如果是我们的家会怎么来设计？带着这样的思考，设计师将这层楼进行了重新规划、调整布局、设计动线。由大厅入户，客厅的大面玻璃门窗引景入室，

1 一层餐厨空间
2.3 两层通高的家庭活动区
4 家具陈设细节

让室内空间与自然有更多的对话。一层靠近门厅的卧室被改造成厨房,打通了空间,通过客厅-餐厅-西厨-中厨的动线设计,让空间更加流畅。同时开放式的餐厨空间成为了家庭的中心,增进家庭成员之间的交流。老人房被安置在更为便捷的一层,走两步便可以与家人围坐在餐桌旁共享一桌美食。食物成为联系孩提时与父辈相处的记忆纽带。

若窗明几净的建筑空间是骨,素净典雅的室内陈设是充盈其间的血肉,"交流"便是居所幸福的内核,离不开设计师对每个细节的精心雕琢。沉下心来,于细微处仿佛还能听到素净的墙面、粗纹理的麻与拙朴的木质家具的窃窃私语,它们如同从建筑中生长出的一般,营造出一种人在自然里返璞归真的归属感。

阿兰·德波顿曾在《幸福的建筑》中探讨过物质的建筑与我们的幸福之间的关系。他谈到"当我们称赞一把椅子或是一幢房子'美'时,我们其实是在说我们喜欢这把椅子或这幢房子向我们暗示出来的那种生活方式。它具有一种吸引我们的'性情':假如它摇身一变成为一个人的话,正是个我们喜欢的人。"建筑与人,彼此类似,其幸福的根源都在于能够认识自己内心价值观之后,自在的、正确的表达自己。设计师谢柯和支鸿鑫对于幸福居所的诠释正是基于对中国自然观、家庭观的理解,所做出的"在地"性的表达。

| 1 | |
| 2 | 3 |

1 卧室空间
2 书房细节
3 卫生间

摩登东方
无间设计居住作品

"摩登东方"正以内在的力量，影响着当代中国的生活美学风尚。无间设计是其中的探索者，他们凭借独到的空间作品，将东方哲思与当代审美融会贯通。此次，我们甄选了他们近期的代表作品。

上海翠湖天地
LAKE VILLE SHANGHAI

资料提供	W.DESIGN无间设计
地　　点	上海
室内设计	W.DESIGN无间设计
软装设计	WS世尊软装
开 发 商	瑞安房地产
面　　积	578m²
竣工时间	2018年5月

1 金属网包裹的楼梯装置
2 内与外的界限早已模糊

上海的过去与未来，既是一段时间也是一方空间，被"新天地"所承接。在这个海派与国际的人文坐标上，无间设计将悠远的东方自觉复兴，于翠湖天地呈现一场空间的诗意剧目。从浮华喧嚣处抽身，拾阶而上，只听见生命与自然的旁白，内心的澄澈渐次回归。

以空间为始，至自然而终。内与外的界限已然模糊，似离而合的格局形成一种连接，赋予空间融入自然的不绝力量。开门刹那，便进入时光长廊，一张来自巴黎的老藤椅承接着过去、当下，与新天地的法租界历史产生回响。条纹状玻璃与精致铜把手光影交汇，克制地勾勒出老上海的韵味，将东西方的优雅融为一炉。

门厅长廊向内延伸，留白一整面亚克力墙，只让光的晕染指引思绪蔓延，步入长廊，便是渐入桃源深境。长廊尽头以金属网包裹的楼梯装置收笔，视线却未被完全阻隔，客餐厅与室外庭院隐约窥见。整个门厅收放有序，以东方理念的当代演绎，将喧嚣褪去，让所有感官在静谧中自由舒缓。

进入开敞的一层空间，空间雕塑的手法被大胆运用在室内。超6m挑高的客厅，是游弋思想的尺度，低饱和度的空间色系，为日后的生活场景留足施展余地。抽象提取麒麟图案的沙发、与东方圈椅异曲同工的Michael Taylor座椅、记录云朵漂浮感的地毯，皆挥洒着东方气韵，又都归属于上海的优雅腔调。

屏风，即绵延山水。镶嵌铜条为轴、亚麻为屏无限拉高，留白对望的视线，独与天地精神往来。墙面大幅画作，似水墨晕染却保留油画肌理，融合空间的色彩关系，收合场域。

客厅一角，火炉由天花垂下悬于窗边，与空间形成45°离合角，对主要功能区的围合隐隐界定。越过火炉，会客的功能便延伸至庭院，在围炉区上演"曲水流觞"的雅集。本以为抵达静谧光阴，没想到，院子的寂静更打动人心。

穿过客餐厅间"虚的墙"，餐厅长卷缓缓展开。从餐厅到庭院早餐区，味蕾的愉悦向外无限延展，透过视线末端的金属装置孔洞，空间延伸感被再次拉长，于是，内、外皆是盛筵。

云影徘徊的水墨屏风与精致铜构件的老上海风情，构成餐厅的背景，James Dieterl disco破碎几何感枝形吊灯，以柔和光晕散落在Jaime Hay6n创作的餐桌藏品上。一段有关艺术的时光，连接着宁静东方与热烈当下。

一墙绿枝，两把藤椅，些许斑驳石阶，树影摇曳水面，阳光在金属几何装置上徘徊……东方的禅意在庭院有的放矢。植物墙的遮掩，将庭院围合成节奏分明的秘密花园，赋予不同层次间流畅的窥探关系。无形的气亦透过斑斑锈迹的弧形钢板传递，让人遐想无限。随微风潜入，只闻晨间鸟语、午后蝉鸣，这即是无间在喧嚣之外留给人的冥想片刻。

悬浮感楼梯装置，成为嵌入一二层空间的精神象征，衍生为客餐厅中央的当代艺术。虚实相间，光影沉浸，在日常的趣味和体验中，情感交流被放大。

从一层踱步至二层，体会这座艺术手

1　餐厅隐约可窥见
2　门厅收放有序
3.4　楼梯细部
5　来自巴黎的老藤椅

法建筑的楼梯装置,内部黑白大理石台阶,引人入胜。仿若一株浓荫大树腾空而起,在千万条枝叶的末端,一盏灯点亮留白的墙面,暗示即将进入新的天地。

主卧衣帽间衍生出一条通向老上海的时空走廊,一盏造型独特的壁灯,作为时空启明。屏风意向,在主卧排列出新的秩序,不到顶的墙面装置与书房隔断,让空间保留围合的同时,可以自由呼吸。顶棚的弧度处理,以光漫反射出虚无的边界,逍遥于世界都会,依然存有温柔的慰藉。

次主卧的屏风概念,演变为半围合状态。别致的折扇造型在床头缓缓打开,线条蔓延疏密有序,为翠湖天地定制的未墨系列家具,在宁静时光中绽放,回归内在力量。

如何把地下室构建为另一场空间之旅?无间设计从楼梯开始酝酿。虚与空的楼梯做了特殊处理,向下的动线隐藏其中,更像遁入另一时空的方形盒子。

"线条"成为这里的绝对主角,纵线、横线,通过木作、金属、皮革等不同材质,纵向拉伸空间高度,横向交织功能区隔。在精心设定的 Leonard Cohen 背景音乐中,线条感极强的灯饰、座椅,隐含诗的语言,充满韵律,与歌词乐感默契相合。在这里,时间正以尤其缓慢的姿态向前流淌。

酒架、餐台、书柜,一切尺度在这里焕发张力。铜构件、灰色木作与云纹绢布包裹的亚克力,共同筑就挑高两层的整面书架墙。特别设定的灯光由下向上晕染,如水墨丹青般给予空间深邃内敛的气质,传递以书为伴、与时为友的人文情怀。

由光创作的车库,俨然一座小型博物馆,屋顶被发光亚克力铺满,仿佛天光泄入,高级灰墙面,则是介于明快和沉着之间的现代隐喻。整面墙的镜子让视觉感放大,为车库层叠、延伸出另一重空间,一辆极致跑车陈列其间,成为艺术品的存在。玉石质地的柔灯一盏,在归家时静静亮起,透澈心灵的力量,俯拾即是。

1 挑高两层的书架墙
2 折扇造型的床头
3 屏风在主卧排列出新的秩序

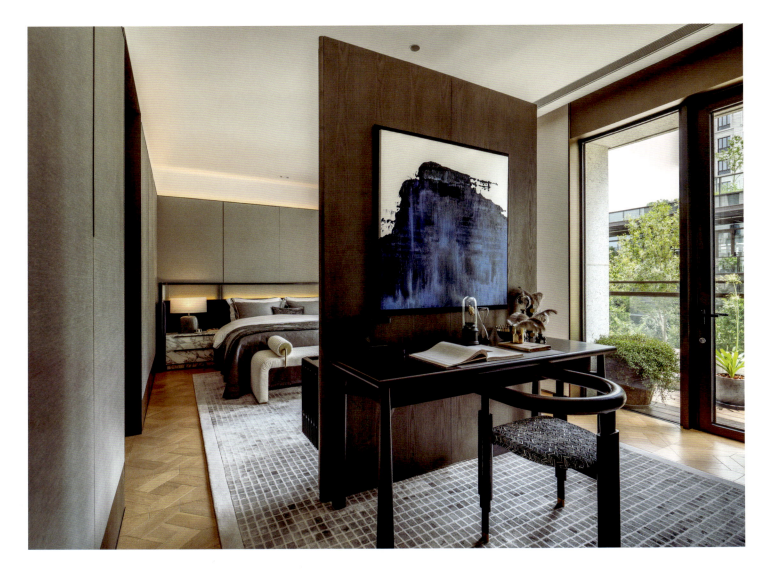

广州华远云和墅
CLOUDS VILLA GUANGZHOU

资料提供	W.DESIGN无间设计
地　　点	广州
室内设计	W.DESIGN无间设计
软装设计	WS世尊软装
开 发 商	华远地产
面　　积	1358m²
竣工时间	2017年5月

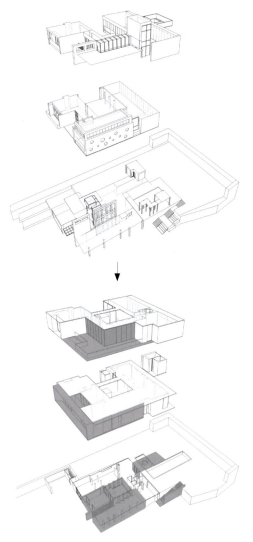

1
2 3 4

1　售楼中心外观
2　内部结构原貌
3　改造后的内部结构
4　大厅

　　在设计中，无间一直秉持每一个作品的原创性和唯一性。我们认为建筑、空间与陈设是彼此渗透的整体。在平面规划时，就已考量空间的节奏次序、人流的组织行为、人在空间中行走的视觉停留点以及恰当的艺术陈设预留空间。对于设计师来说，每一个作品是一个全新的设计命题，关乎人、空间、时间……

　　无间设计整体把控中粮天恒天悦壹号售楼中心室内设计，通过似离而合的空间的界定、线条尺度变化，呈现出不同气场的呼应与共振，构筑空间节奏和东方人文礼序，完整表达空间高度精神性。

　　穿过建筑回廊，进入室内，前厅与内厅形成叠进的关系，前厅空间体量被有意识的控制，使得远处抽象的山水叠影压缩在有限的视觉导向中，形成先抑后扬的序曲，纳入生动气韵。门，作为空间的边界，成为这个空间的精神载体。门套的线条形式来自"門"字的抽象演绎，门套下方嵌入式的壁灯高度特别设置成与东方庭院地灯的高度一致，呼应着当代与传统。

　　空间中反复出现的大尺度立柜成为虚实相间的墙体，立柜上方的铜制吊灯，灵感来源于东方传统的提篮，巧妙地融合了装饰和空间的关系。立柜隔板棉麻包裹发光亚克力，加入铜制结构件，灵感源于周朝礼器，构筑东方礼序。

　　入口接待区楼梯盒子，黑色橡木表皮包裹着白色表皮，黑白线条之间，勾勒出建筑的雕塑感。

　　展示空间大面积留白，亚克力墙面形成的抽象留白空间"无为而有所为"，突出沙盘本身，且形成不同区域墙体之间的变化。为了让整个空间更富张力，无间设计在展示区域顶部设置了大型金属线性装置，强烈的张力与极致的内敛，让这个区域收藏整个空间最深邃的气韵与最阔远的时空。

　　在深入洽谈区无间设计运用图书馆概念，顶天立地的铜网格和书架成为空间模糊的界定，形成空间通透的视觉点和纵深感，大面积的墙面留白为之后的细节营造预留空间。

　　在卫生间入口的处理上，无间设计运用圆弧形的石灰石墙面，形成向内流通的气场。空间的焦点设置金属装置，装置顶部的灯光在地面投射出金属的线条，形成空间趣味点。

　　位于一层最深处空间的旋转楼梯，既是空间功能连接件，亦将园林中叠石和假山的趣味引入其中，随着人在楼梯上的缓步移动，空间中每一个美感都存在于时空轮转中，四时而不同，筑就深邃的诗意意境场。END

1	2	
3		4

1　主卧玄关
2.4　客厅
3　收藏馆

主题

城中谧静居舍
SERENITY IN THE CITY

| 摄　　影 | Hey!Cheese |
| 资料提供 | 源原设计（PENY HSIEH INTERIORS） |

地　　点	中国台北市中正区
设计公司	源原设计（PENY HSIEH INTERIORS）
设 计 师	谢和希（Peny Hsieh）
面　　积	310m²
竣工时间	2018年

　　高楼层的顶端住宅拥有宁静的视野，更映衬城市的喧嚣繁忙，一切尽入眼帘，都市繁忙与室内谧静形成高度反差，冲突却互相连结，是一种生活形态。如何让生活感受在快与慢、动与静、繁忙与悠然之间得到美丽平衡，是一种生活态度，成为设计的开端。

　　本案灵感来自户外，取材于原始自然，彰显慢活风格。走入空间入口处，立面顶棚脱开三维线条，巧妙地嵌入光源，如石缝中潺潺流水洒落，一转折，桃花源即在眼前展开。宽敞起居室以灰为基调，透出原始肌理的生命内涵。波浪圆弧，在顶棚微漾。大片气势电视墙，构画出山水层次意境。更善用黑色窗框与墙面，创造里外对话的框中之景，呼应梦想生活的节奏和心情转化。

　　转角处，空中花园的绿意是生活抚慰的能量，为居所带来惬意与玩味。走道采用户外砖墙的意象衔接端景处主卧空间，亦是由公共领域引入宁静私领域的和谐过场。主卧室以两座灰木色柜遮隐，与沿着顶置落下的弧线呼应，是温暖的穴窝，让光线从窗与墙壁毛细缓缓渗入，诉说着永恒意境。在内外之间，顿时城市只是脚底下一声轻叹，自然一蹴可及。山色空明若一阵悠然微风，平放胸臆，以沉着松静的手劲，渐渐抹去一日的喧嚣。

1 开放空间
2 大面落地窗引入城市风景
3 平面图
4 室内外的交融

主题

| 1 | 2 | 3 | 5 |
| 4 | | | 6 |

1.2.4.6　空间材质充满细节与对比
3　　　 走道
5　　　 起居空间

| 1 | | 4 |
| 2 | 3 | 5 |

1　卧室
2.3.5　洗浴空间
4　起居空间

主题

沁园
QIN GARDEN

摄　　影	CreatAR Images
资料提供	DOES设计事务所
地　　点	江苏省泰州市同心村祖宅
设计团队	DOES设计事务所
设计主创	王帅
项目团队	徐万伦、杜梦成、吕相葳、徐慧龙、赵威
施　　工	南京戴斯建筑工程有限公司
占地面积	405m²
原有建筑面积	140m²
新建建筑面积	371m²

|1|5|
|2 3 4|6|

1.2 庭院与建筑的互动，兼具现代与东方韵味
3 院门与景石的对照
4 改造前
5 多功能空间，亦有景石的渗透
6 轴测图

定居南美洲的甲方委托我们重新设计并建造她的祖宅，她父亲生前的愿望就是修缮这座祖宅，她说，小时候是父亲守护着她，以后她想用这座房子守护着父亲。整个项目的设计思路是从功能出发，到建筑形态，再回到功能。

在设计灵感上，建筑的轮廓创意来自于"守护"这个词，用手掌的形式构建出建筑半围合的轮廓。同时，院门的传统处理方式与新的建筑轮廓产生了穿越时空的对话。

院墙的太阳能照明系统会在日落的时候自动亮起，仿佛在迎接归家的孩子们，又在功能上为行人点亮，补充了村中原本不足的路面照明。

在庭院景观上，我们将一块泰山石一切为二，大的留在户外，小的放置在祠堂，在形成景观点缀的同时，起到了阻隔视线的屏风作用。

甲方常年定居国外，所以我们将该建筑定义为度假别墅的性质。但与传统度假别墅不同的是，设计中增加了一个祠堂，除了用于祭祀以外，我们将过往的老宅记忆都填充到里面。未来，一些曾经用过的老家具和老物件将经过整理后，陈列其中，这里更像一个家庭博物馆。

重建后的建筑满足了居住和家族聚会以及孩子们活动的功能，我们的愿景是希望这是一个可以承载回忆、具有舒适居住体验并且可以不断生长的空间。

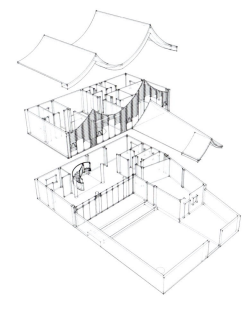

主
题

1	3	
2	4	5

1　起居空间
2　从二层圆形上空俯瞰一层
3　儿童活动空间
4　卧室
5　浴室

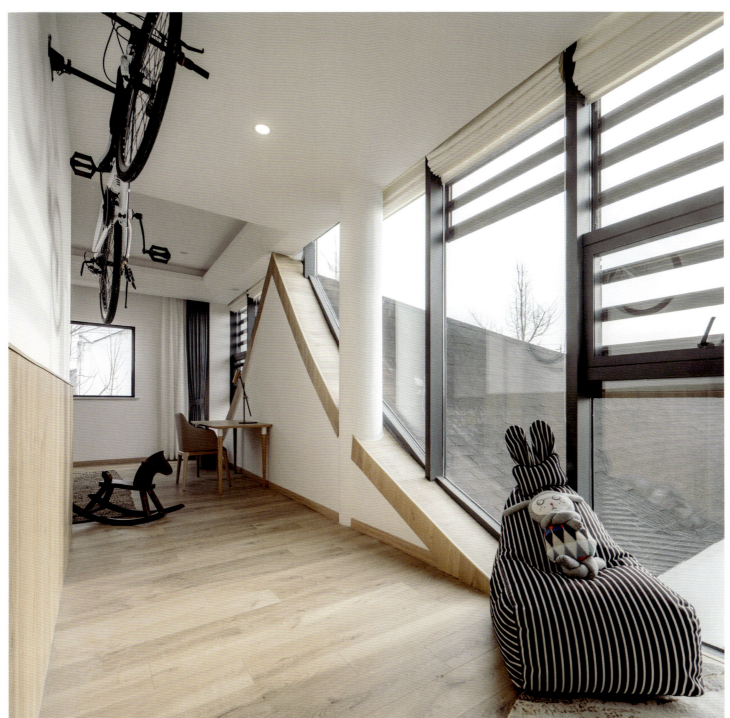

主题

仓库住宅 HM
WAREHOUSE HM

| 摄　　影 | Nirut Benjabanpot |
| 资料提供 | Lim + Lu林子设计 |

地　　点	中国香港
设计公司	Lim + Lu林子设计
设 计 师	Elaine Lu（卢曼子），Vincent Lim（林振华）
面　　积	242m²
竣工时间	2017年8月

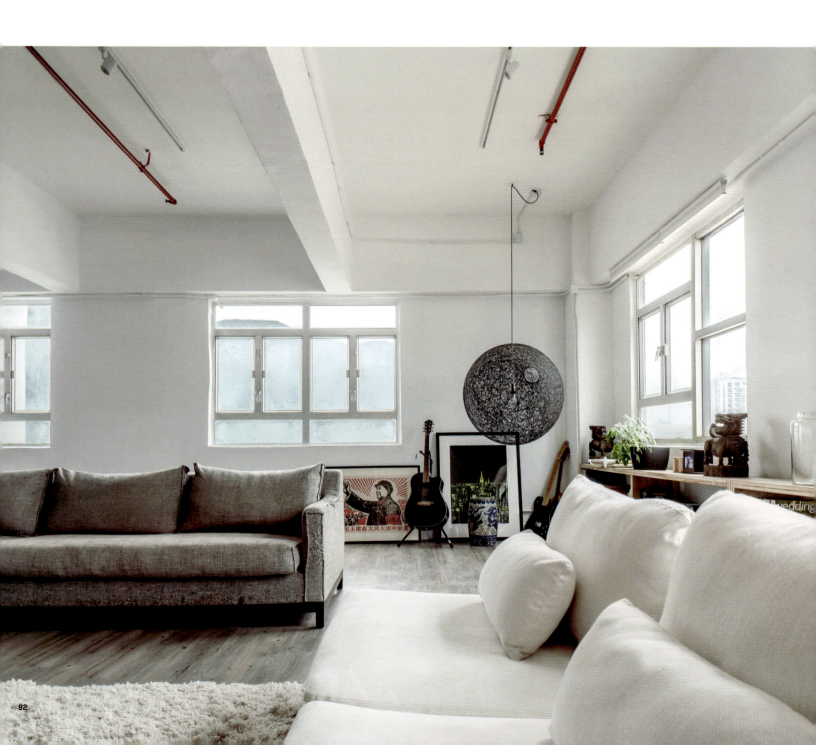

1 起居室
2 餐厅

　　仓库住宅 HM 隐匿于香港岛南部的繁华工业建筑群中，业主是一对多才多艺且热爱艺术的夫妇，热爱小动物，也爱举办各种绘画和烘焙研习班，为此该住所的设计留有充裕的空间，足以容纳各种研习班以及 5 只宠物的自由活动。这个超过 200m² 的空间改造前是一个仓库，业主要求设计师在保留空间原有的粗犷感的同时，将其改造成一个可容纳他们现有的家具及旅游纪念品的住宅和创意工作室。

　　设计师认为好的居住空间设计应能体现居住者的性格及特点，并讲述他们的故事。业主在定居香港之前曾在多个国家生活过，纽约则是给他们留下最深印象的地方。Vincent Lim 和 Elaine Lu 深谙纽约这座城市的吸引力，因为他们也曾在曼哈顿生活过好些年。该项目最大的挑战是，在香港营造一个可以让他们回忆起心心念念的纽约的地方。

　　设计师 Lim 认为，这是一次融合东西方文化的最好机会。Lu 补充道："我们借鉴周围的工业元素，并将它们穿插使用在纽约阁楼的设计理念中。当你置身于室内，在不向窗外看的时候，就犹如置身于曼哈顿下东区的阁楼中。当你望出窗外，又立刻回到了香港。在香港设计一个仓库类型的纽约阁楼的想法看起来很不寻常，然而它却最能毫无违和感地融入周围的工业环境。"

　　改造前的空间是完全开放的，没有分区，未隔出厨房或卫生间，且整个空间只有一面临窗。这样的空间，如何规划布局才能更好地引进阳光和方便业主活动，对设计师而言是一大挑战。解决方法是将空间分成两部分——私人的和公共的。穿过一扇老旧的未做任何改动的工厂大门，便来到了最迷你的区域——仅包含了一张长凳和一个鞋柜的入口。推开工业推拉门，展现在眼前的是一个摆满了用品的工作坊。出于业主隐私的考虑，当他们举办研习班时，整个空间乍眼一看似乎只有一个工作室。然而细看之下，可通过工作室的后墙上的一扇窗户一窥隐藏的居住空间。推开第二扇推拉门，一个宽敞明亮的居住空间一览无遗，在寸土寸金的香港，这样的空间是少之又少的。

　　因业主特别热衷于社交，喜欢举办各种烘焙课和宴会，所以举办研习班的公共空间如工作室和厨房就设在了离入口最近的地方。为了确保绝对的隐私，更为私密的空间如卧室和主卫，设在离主入口最远的地方。由于私人空间缺少窗户，Lim + Lu 使用钢铁和玻璃推拉门来给卧室和主卫引进阳光。当这些门全部推开的时候，私人空间和公共空间便变成一个和谐的大空间。

1.3 可自由活动分隔空间的移门
2 起居室
4 平面图

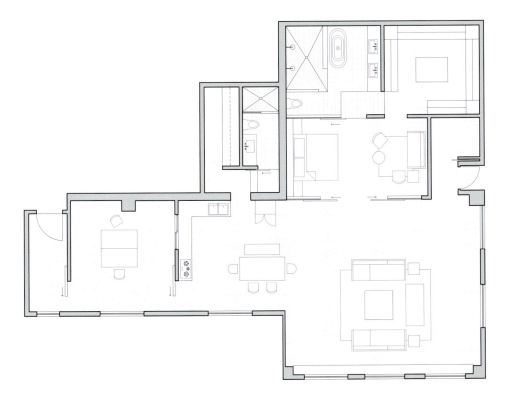

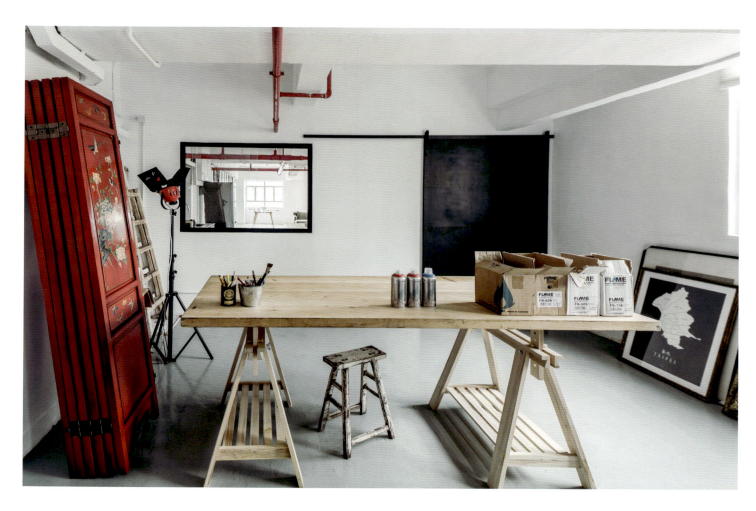

| 1 | 4 |
| 2 3 | |

1 工作室
2 餐厅一侧细节
3 交通空间
4 洗手间

主题

云上的生活
LIVING IN THE INTERNET OF THINGS

| 撰　　文 | 金秋野 |
| 摄　　影 | 金秋野 |

地　　点	北京
设　　计	金秋野
面　　积	36m²
竣工时间	2018年

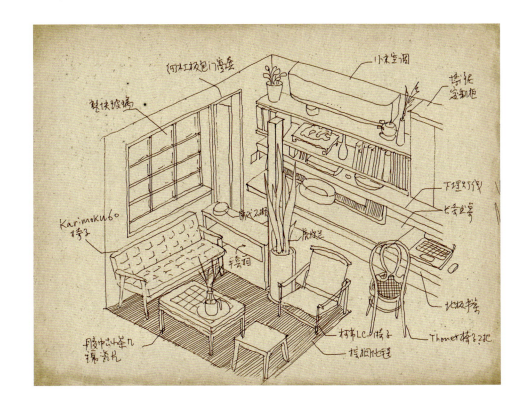

1 从入口看会客区
2 会客区草图

　　这个小房子，对于从未认真做过设计师的我来说，实在是一时兴起之作。但查看两年以前的文档，却有这样一篇文字，详细记录了当时的想法。面对改造之前的房屋，脑海里涌现出种种计划，和对未来生活的假设。它不是设计说明，因为设计还远未开始；也不是任务书，因为没有任何指标和数据，只有一个使用者的迫切需求，加上一个设计师的耐心筹划。略加删减，兹录如下：

　　"第一次去看房子的时候，里面住着一对父子。房子是穿套结构，只有朝东一个采光面，远远对着二环；西侧外廊，油烟机管道直接对着走廊开口，家家如此。楼道保持得还算干净，一部电梯服务很多人家。这里原是工厂家属楼，住户很多都变更了。电脑放在入口房间，只有一个朝外廊的玻璃窗，半封在简陋的厨房里，室内昏暗，像是进入仓库。里间并排放着两张小床，对面是一座笨重的老式柜子，只留下一条窄窄的过道，密不透风。墙壁很黑，高高的油漆墙围像是80年代，门窗都是老式铁框，很有功能主义住宅的气息。结构大概是大板住宅，墙壁都很薄。卫生间狭小，不足两个平方，厨房就是铝合金隔断围出一个区域，转身都费劲。阳台倒是不小，与房间等宽，让人联想起马赛公寓的格局。其实这就是典型的高密度城市集合公寓，3m面宽细长一条，单面采光，通风是个问题。

　　主要的功能就是一家三口安心、舒服生活的空间。计划不定期返回现居所一次，带足换洗衣物和生活用品，西城小房子尽量不进行储备。这边房子虽大，生活久了，被各种无用的东西填满，让人气闷，清理起来又缺乏耐心。小房子因此也是给生活松绑。因此，不想做多于最低生活要求的收纳空间，以免又一次成为杂物堆。这样才能显得宽裕。

　　因为实际面积太小，采光又有限，走进房间的感觉实在是憋闷。

　　对舒适性的考量，必然跟空间感受相关。视觉和心理上，希望不要被各种东西壅塞，墙壁尽量薄，空间尽量连续，必备的家具跟隔断结合在一起，其实就是生活在放大的家具里。这么小小的空间，没有办法容纳大型沙发和装饰性的物件，必须物尽其用，功能只在壁面发生。

　　入口厨房还是要有一个相对独立的区域，里面容纳基本的、不太烟熏火燎的做饭功能，这样多吃蒸煮和新鲜蔬菜，也减轻身体负担，与新生活相匹配。但是壁挂的抽油烟机、必要的操作台都还要有，冰箱考虑是嵌入台面以下的小冰箱，箱门跟操作台一体设计；洗碗机本身可以存储碗筷，也可以考虑小型嵌入式的。厨房对着走廊的窗还是有采光作用的，必须被外间茶室兼卧室借用，所以厨房与卧室不能做硬隔断，可以考虑用餐桌来隔断。厨房窗为了避免外人窥视，必须用半透明材料遮挡视线。由于厨房的存在，入口自然形成一个小玄关，它的空间感很重要。考虑在地面材质或屋顶高度上有所限定。希望能坐下来换鞋，鞋子能收纳起来。

　　外间，打算餐寝一体。小时候东北的房子就是这样的，吃饭、写作业、聊天都在炕上实现。这里大概需要一张榻，白天被褥需要收纳起来，晚上方便取用。这里可以是茶室，可以是卧室，也可以在跟厨房连通的桌面上吃饭或做事。这个房间可能用处很大。它的壁面也可能需要承载一些储物功能。这里整天都需要人工照明，希望这个照明不仅仅是一盏灯，也有景观作用。因为房子小，我想照明应该处在较低位置，光线是暖色的，像我原来的工作室，虽然层高低矮，因为灯吊得也低，所以有包裹感。现在工作室很高，反而没有气氛。小房子聚气容易，但做出宽敞感很难，照明需要提供的是一种空间的延伸，感觉好像光从远处来。不希望光从上面来，灯直接吸附在顶棚上，过于直接，空间感

主题

1　"大家居"轴测图
2　炕和炕柜以及通往小床的木楼梯
3　入口内观

受就生硬了。希望这个小"龛"在白天不行使床铺功能的时候,是一个很美好的、让人想坐下来喝茶的地方。榻上应该有炕几,如果借用厨房桌没有也可。不做仅有纯审美功能、很麻烦或极少会用到的东西。

榻里面紧挨着分隔两个房间的墙壁,160mm厚。我想这道墙的作用很大。它不仅分隔房间,也应容纳储物,成为空间枢纽。这里应该是一个"岛",墙壁另一侧,上面悬挑出小孩的小床,高度大概是1800mm,可以从榻这一侧通过墙上开洞钻进去。这样给里面的房间提供一个剖面上的高度,同时下面容纳一些必要的储物。这个岛应该是同时为两个房间服务的,有很多孔窍,同时也不因为它的存在而让空间显得憋闷。

因为大多数实用功能都已经在外间解决,里间就空出来了。这里最好有三口人谈天说话和工作的地方,比如一张圆桌,也可是沿着墙面的长桌。尽可能采用垂足坐,虽然小时候一直在炕上写作业,长大以后席地坐恐怕最终证明还是不适应了。但家具尽可能低矮。包括外间家具,感觉都应是缩小尺度但依然能用的版本。所以小而美主要体现在这些具体的器物设计上。如果能买到现成的家具,也可以考虑,否则直接做到壁面上。这里需要的东西不多,合在一起或各自独立的桌椅,能放电脑又不影响女儿写作业的案子,集成到小床下方的折叠桌,无印良品那种低矮的对坐小桌椅,哪种方式都可以,但这个房间最好有宽敞感,是一个"空"。虽说是空,但应神完气足,这可能是最适合做气氛的地方,一个舒适的工作间。但是,考虑到大量日常工作都可以在工作室解决,这里可以只提供基本功能,比如大量的书就不会放在家里,仅有一个临时取用书籍的小书架即可。台式机也不放家里,打印扫描一体机可能还需要一个,路由器、空气净化器什么的最好能归纳到一个壁柜格子里,固定电话不一定要。空调,我看日本人的做法是塞到一个座椅下面,靠近地面的位置,管子从地板下走掉,外面用百叶封起来,不知是否能做到。洗衣机希望能放到露台上,上水引过去,下水直接进入雨水管。壁挂式的基本不实用。实在无法解决才可以考虑。电视不要。

房子净高是2470mm,我觉得2200mm的层高就足敷日用,所以吊顶和地板的余地还是挺大的,屋顶也可以有一点变化以区分空间。紧接着是分隔阳台与室内的门联窗,可以考虑降低屋顶压到窗上缘,其实层高低了,屋子本来很窄的面宽可以成为"宽幅",配上低矮家具和水平线条,反而显得开阔一点。这道门联窗,其实门窗的五金件都好得很,虽然古老,但朴素实用,只是没有保温性能。我问了户主,他说冬天供暖很好,这样我们是否可以考虑将这扇窗整体改造,去掉窗下墙,变成一个落地窗,气氛就不一样了。如果仍然保留也好,只是如何翻新?这是个问题。这个窗,跟两个房间隔墙一样,最好也能家具化,跟阳台一体设计,比如有个窗下的卧榻或小沙发。这扇窗是主要的采光窗,所以通光量也很重要,不能遮挡太多。

阳台可能是个很好的休闲空间。因为室内也没什么一家人坐在一起看电视的沙发,所以这里最好是个舒适的角落,一个进入式的"观景盒子",能坐能卧能读能写,也能晾衣服,洗衣机不碍眼,花花草草有位置,可以考虑矮榻、折叠桌和高脚凳,整个就是一个可以进入的"大盆景"。

卫生间很小,宽1100mm,长1600mm,真是没办法做干湿分离。便盆和洗手盆都只能是最小、最集约化的,像飞机的卫生间,尽管如此,依然需要满足所有功能,最好能利用高差限定出两个区域,用浴帘实现淋浴。如果能将马桶和洗手盆并列叠放,可以有一个小小浴缸,就再好不过了,淋浴可以跟浴缸组合在一起。可以考虑电热毛巾架,和必要的浴室储物空间。整个

1 起居室
2 设计草图
3 厨房＋入口

浴室如能像日本浴室那样麻雀虽小、五脏俱全就好了。热水器可以选小的，位置需要仔细安排。如果一些东西没有尺寸合适的成品，也可以考虑水泥浇出来，用环氧树脂做涂层或刷白色油漆。

整个空间结构上，是厨房 - 房间隔墙 - 门联窗形成三个"岛"，其余地方空出来。必要的时候，家里三口人，一个岛附近一个人，彼此还有点独立的空间。因为空的部分不能做什么，最后成了壁面设计，在贴墙壁的薄薄一层中实现功能与美。材料，次要的部分可廉价（但考虑环保），与人视线和身体接触的地方好些，重点部位可用很好的材料，用很好的五金件。整体气氛可延续原有的暗调子，用灯光加以点缀。不要吸顶灯，不要射灯，也不要旅馆那种埋进凹槽的线灯。总之灯光以自然的为好，白炽灯或暖色LED均可。可根据功能照亮几个部分，整个房间由漫射光填满，光照重心偏下，也是强调水平线条，让上部昏暗，带来包裹感。可考虑隐藏的、均匀的面状光源，增加空间的深远。家里的挂画和陈设应该是精挑细选的，少而精，我没太多精力去折腾这些，一旦完成可以保证基本不变，或定期做有限的变化。挂画和陈设该如何被照亮，还没想清楚，一对一的射灯太做作了。地面，连着入口玄关—厨房—卫生间的一条线，是否可以是硬铺地，功能上和形式上都与榻形成差异。壁面可以考虑贴面，如椰壳纤维或席子、瓷砖或水泥刷涂料，一种可以随时间而变的质感。地面可以是木地板也可以是硬地，如果都做榻榻米，清洁是个问题。

考虑到北京的灰土，露明的置物架可以尽量少。家里一点展示空间也没有，会显得很干，所以如何展示，既不压缩大人孩子的腾挪空间，又能对环境有所提点，也是一个需要考虑的问题。茶具、相机、文具可能是主要需要收纳的东西，小孩子上学后需要什么，我还不太清楚，要有提前量。收纳空间最好与相应的功能搭配设置，喝茶的时候随手能拿到茶具和茶叶，写字的时候手边有笔。可考虑一些局部的吊柜，如里间工作室的上方。因为喜欢局部照明，灯具等少不了，又因为高度不能太高，可能会形成障碍，这个考虑用造型设计来避免，灯具不能太大，不能造成障碍，不能有尖锐的部分。

还有，一些水管、煤气表等，现在就是露明的。如果藏不起来，露明也可，需要成为空间设计的一部分。如果可能，整个房子的通风需要仔细考虑，本来对流就难以实现，如果用固定窗扇就更难实现了。也许会有预留的通风孔。踢脚在这么小的房子里可能会造成视觉干扰，可考虑四白落地，下墙围用油漆处理一下。尽量减少不必要的接缝，但也不必处处包裹。

整个设计，希望能去掉风格，不容易被符号化地解读。做工尽可能好，物料扎实。但这么多手工制作，如何能实现做工精良，的确是个问题，是否可以考虑预制装配？装饰和陈设也需要一并考虑在内。

以下是日用物品清单：

1. 衣物：大人换洗衣服10件，裤子6条，鞋4双；小孩衣服10件，裤子5条，鞋3双；其他袜子内衣衬衣收纳空间若干。冬季衣服较厚，空间须有余量。

2. 包包：需要存放2个笔记本包的空间。日用背包和小孩书包3个；需要有地方放基本的旅行用品，如登机箱一个，背包2个。

3. 备品：日常清洁工具，如笤帚和拖布，垃圾桶，小型吸尘器，面巾纸、洗浴液洗发液的备品，洁厕灵、牙刷牙膏、卫生纸、垃圾袋等存储空间。

4.床品：一些日用的被褥、换洗床单被罩、枕头靠包、地毯桌布餐垫门帘等的收纳空间。

5.卫生间：需要洗漱用品、少许瓶瓶罐罐、三人牙具、毛巾浴巾、洁厕灵、马桶抽子、洗手液洗面奶、吹风机等存放空间。

6.小物品：药品，剪刀，文具，指甲刀，线缆，接线板，手机充电的位置，相机和镜头，pad，各种卡、钱包、钥匙、快递单位置，各种转换插头和旅行套装等的存储位。

施工周期7个月，设计工作应在2个月内完成，包括施工图。希望可能的情况下尽量沿用原来的墙体、走线和布局，减少工程量。方案阶段，可以将sketchup模型放到vr软件中，在虚拟现实场景中感受实际空间效果，调整尺度。所以模型细节越多越好。在这种小户型中，线条粗细、家具大小、灯具高低、坐席宽度、开关位置都显得格外重要，vr也许是个很好的辅助工具。希望这个设计紧凑而不失生活气息，有格调但不过度修辞，更不以牺牲生活功能为代价，是一个使用经久、材料地道、施工严谨、饶有生活气息、让人舒心的家，同时是一个有话可说的小房子。"

表单中的想法，有些忠实地实现了，有些烟消云散，被证明是不切实际的，另外一些，意外地实现了升级，比如竟然放下了双门冰箱和干衣机。房子做完之后，很多朋友来过，喝茶聊天之余，也不免品评一番，当面表达的多数都是喜欢，不可尽信。但是一个做家族酒店企业的台湾朋友，作为工作的一部分，他住过无数的五星级度假酒店，对"品质"一事的理解，与身边的朋友们自不相同，也很不客气地发表意见。我想，身边的朋友喜欢，大概是因为生活境况相似，换一个角度、换一种经验，看法会很不一样。好在生活是自己的，想法随时间而变，也许下一个居所，会是另一种面貌，这正是生活有意思的地方。

一个我不认识的朋友留言，很让我感动。他说："这个小房子让我看到当代中国北方城市核心地段也可以有风景和想象力的"。或许我们走路太急，或许大量的信息让人迷乱，对于"好好住"这件事，人们的确关注的不够，或者想得太少。如果我们开动脑筋，在广大的城市腹地，还有无数优质的土壤可供耕耘，而这片土壤，正是你、正是我、正是我们身边每一个人的诗意栖居。城市会因每个居民的想象力而实现由内而外的升级。

实际生活方面，这么小的房子会不会很不方便呢？这大概是很多人关心的问题。客观地说，肯定有不方便的地方，比如衣服的收纳，需要以两个星期为周期循环安排，在大衣柜前部悬挂区、大衣柜后部储物盒、榻下收纳空间中不断轮换，没完没了。比如架子上的器物需要不断拭擦以避免灰尘。但是，储物空间减少带来的问题仅此而已。哪种居住模式没有伴随着麻烦，哪种生活方式可以一劳永逸呢？一些备份物品和多余的衣物实际证明本不需要，书籍也确实可以实现电子化。

在写这篇文章的时候，我忽然想，生活之所以会如此便利，也许跟这个时代有直接关系。毕竟我们有健全的网络服务，和快捷便宜的物流。连日用品和生鲜食品，都可在2小时内送货到家，还有什么是值得囤积的？我们要好好享用时代带来的便利。囤积是因为内心不安，最小化生活，是因为有充足的安全感背书。

现在大数据的流行，让硬盘从必需品的清单中淡出。一切都可以扔到云端。我想，我们不妨把物质生活的一部分也放到云上，眼不见心不烦。那么，剩下来的才是不可或缺的，也必须是最美好的，它们帮我们定义了真实和美，让人的物质身体更轻盈。从古到今，物品作为人身体的延伸，就一直在变轻盈，在信息化中羽化重生。古人游春，携着童子，背着篓子，推着车子，现代人一部手机把世界都装进去了。即使非常轻盈，房子依然可以是宫殿，很轻很轻的宫殿，个体物质世界的极限。

主题
都市华宅
THE CLARENCE AT ST JAMES HOUSE

资料提供	Katharine Pooley
地　　点	英国伦敦
设　　计	Katharine Pooley
竣工时间	2018年

1 色彩与艺术品的搭配
2 八角形的中央走廊

　　这座都市华宅坐落于圣詹姆斯街，距离白金汉宫仅数步之遥，坐拥圣詹姆斯宫美景，是英国二级历史建筑。设计师 Katharine Pooley 和她的团队经过长达五年时间，把这栋历史建筑改造成了富有典雅气息的伦敦公寓，将无可比拟的建筑美感和完美无瑕的悠久传统合而为一。

　　凡涉及历史建筑的改造项目都不是一件容易的工作。Katharine 及其设计团队所肩负的任务非常艰巨，过程相当复杂。他们不仅要考虑原始楼体中诸多受保护的重要建筑结构、种种列入保育范围的建筑细节及特色，还要在修复的同时将其融入整体室内设计方案，其中耗费了无数心血。

　　精致的大理石、定制家具、手绘墙纸及优质细木工制品点缀其中，经修复后不仅保留了原有的英式优雅，还增添了现代气息。

　　走入宅邸，第一眼必会被摆放于入口大厅的巨型摄影作品所震撼。作品展现了一群正在畅泳的马匹，场面非常壮观，让本身就具有艺廊风格的大厅更添艺术气息。住宅内的艺术作品都是设计团队根据客户要求进行采购或委托创作，能够完美融合这栋华宅的室内设计氛围。

　　浴室也是很美，旧世界的迷人欧洲格调让人想躺在居于中心的浴缸里一天泡三个澡。主浴室墙身使用了采购自意大利 Bianco Lasa 的对花大理石平板，加上镀镍斜面镜子装饰艺术配件，浴缸本身则采用了最高级别的 Thassos 大理石，纹理宛如艺术品，还具备美不胜收的镜面效果。

　　设计师尤其关注颜色的选用，她将温柔的玫瑰金和腮红般的暗粉红色糅合在一起，为主人套房带来成熟的女性气质，营造出柔和温暖的氛围。墙壁上的丝绸手绘墙纸选择了清雅的象牙色，这一色调从床上用品一直贯穿至古董壁炉的嵌入式 Carrera 大理石。Katharine 还为主要空间的墙壁饰面挑选了浓郁深邃的棕色，让绅士俱乐部具有不可忽视的阳刚气息，呈八角形的中央走廊配以路易时期风格的手绘丝绸墙纸板，男士卧室墙壁以青铜丝绸覆盖，盥洗室的墙身则披上了饰有荷叶边的黑朱古力色草席墙纸。

| 1 | 3 |
| 2 | |

1.2 经修复后的客厅空间保留了原有的英式优雅,还增添了现代气息

3 入口充满画廊风格

1	2	3
	4	

1　手绘墙纸令空间带有阳刚之气
2.3　浴室充满迷人的欧洲格调
4　温柔的玫瑰金与腮红般的暗红糅合在一起，为主人套房带来成熟女性气质

主题

眼袋之家
PIPPA'S APARTMENT

| 摄影 | 张大齐 |
| 资料提供 | 目心设计研究室 |

地点	上海徐汇区
设计公司	目心设计研究室
设计师	孙浩晨、张雷
设计团队	李璇、张蕊、姜大伟、董文婷、郭骏
项目面积	220m²
设计日期	2018年1月 ~ 2018年2月
施工日期	2018年2月 ~ 2018年4月

1 客厅局部
2 餐厅
3 儿童房

有句话说："一个人为了寻求他所需要的东西,走遍了全世界,回到家里找到了(A man goes all over the world to find what he wants, and finds it in his home)。"

这座地处市中心的住宅,并没有按照特定的风格和某种潮流趋势来设计操办。从客厅、餐厅的布局到儿童房、卧室的非常规处理,都是独一无二、量身定做的。主人说,这就是她想要生活的私人定制。整个设计从主人的个人生活和需求出发,独特的工作习惯使她需要一个集工作、休闲、学习为一体的多功能空间布局方式。同时,她希望能在家居生活中添加更多的可能性。

首先,设计师抛弃了客厅传统的沙发布局,转为更开放式的布置。客户收藏的艺术品被重新组织成不同的艺术装置。走廊尽头处的装饰画结合雕塑作品,形成独特又灵活的室内艺术景观。客厅采自不同国家与艺术家的陈设与窗外的城市景观遥遥相望,窗外照耀进来的充沛阳光将其渲染得通透发亮。

画室兼私人休息区是主人平时在家中最爱停留的地方,这里被布置成了自然与艺术的小天堂。透过落地窗能随时望见户外的绿植与树木,她说,无论是作画还是休息,这里都能让她的思绪即刻沉静下来。大理石和木质顶柜的组合形式与客厅做出隔断,大理石制作的的电子壁炉上方悬挂着挂壁式音乐播放器,令悠扬的音乐传遍全屋。

餐厅设置了有趣的小吧台,大部分的存储空间都用于衣服和书籍。设计师调整了餐厅的布局并设置了划分出不同区域,形成不同视觉亮点。入口大厅、多功能区、餐厨区、走道和餐厅上方的草帽吊灯,来自于法国的Petite friture vertigo Pendant。小餐厅的一侧墙上挂满了从世界各地淘来的各式厨具,从挖果核儿的专用刀到切披萨的刀,再到烤火鸡时固定火鸡的绑绳,吸引了每位客人的目光。与其说是工具,更倒像是艺术品了。

不同于整体金属感的色调,儿童房则显得温暖柔软许多。屋顶上方还制作了立体轻盈的云,给孩子充分的梦幻与想象空间。主人房以现代及古典元素的对比,营造了精致生活氛围,植物的参与带来城市森林的新鲜感,唤起对于温暖木质的回忆。主人会根据不用季节和心情更换不同色彩的床品。床头两边一胖一瘦的Oluce蘑菇台灯和Louis Poulsen黄铜灯形成对照。

与典型的无窗洗浴区的洗手盆放置方式相反,浴室位于主卧的一侧的套间,相对来说有一定的开放性,因此它作为了卧室的一部分。需要隐私时,可以关上卧室门,卫浴空间便与主卧及生活阳台相连,可以呼吸窗外的新鲜空气。大部分衣柜不落地的设计看起来更轻盈,也让整个空间不显得局促。

主
题

1.2 平面图
3 细节
4 客厅局部

| 1 | 2 | 4 |
| 3 | | |

1.4 卧室
2 客厅局部
3 儿童房

重庆阳光城檀府31号
NO.31 SPIRITUAL MANSIONS CHONGQING

摄　　影	张大齐
资料提供	KOYI柯翊设计
地　　点	重庆
硬装设计	KOYI柯翊设计
软装陈设	IF DESIGN羽果设计
主创设计师	周晟、汤伟杰
投资运营	阳光城
面　　积	260m²
竣工时间	2018年11月

1 卧室
2 起居空间

阳光城·檀府是阳光城集团在重庆打造的高端项目，是阳光城二代"府"系产品。31号大平层样板间拥有260㎡的空间，作为定位高端的居家空间，无论从风格定位还是功能布局上，都对设计有较大考验。设计师认为，一个精致的居住空间该是简约而国际化的，无处不体现生活的阅历所带来的成熟与自信。正如安藤忠雄所言："奢华的家要有安静的感觉，能触动心灵深处。"本案将对人们生活的美好向往作为设计灵感的来源，还原了一种阳光惬意的生活本味，塑造盛放美好生活的容器。

整体的空间格调采用极简的白色为基调，在理性与时髦兼具的风格下，跳脱出艺术般的大胆前卫，灵动又不乏舒适。客厅、书房、餐厅、厨房采用开放布局，呈现空间一体化，不同功能仍彼此独立、互不干扰，符合当代家庭的居住需求。书房与起居空间相互融合，塑造一书、一茶、一世界，同时满足人居文化的品质感，以及工业化社会生活的精致与个性。

空间在构建层次感的同时，对各设计要素进行合理搭配，保持各材料肌理质感的变化性与延续性。开放式客餐厅沿用整体空间的黑白灰主色调，材质上大面积采用大理石、金属相搭，现代简洁且富有品质感。全尺度落地窗引入天然光感，简单纯粹之余又塑造开阔的画面。厨房、客餐厅自由连接，环绕型动线确保各功能区之间的顺畅流转，不同要素通过多元化的变化按照同一性原则进行空间塑造，结合相应的艺术表现手法，整个空间环境有机统一。

细节的处理和材质的选择也细致精巧不失时尚感，实现对精致生活的追求。主卧素雅风的基础加以时尚低调轻奢范儿的搭配，简约内敛色调。次卧依旧以简约色系为基础，不乏温馨的点缀充盈空间，空间设计中的形态、大小、轻重及远近元素的合理配置，使人能够获得一种视觉上的平衡状态。

1 卧室
2.3 细节
4 现代风格与古典元素细节的对比

解读

卫武营国家艺术文化中心
NATIONAL KAOHSIUNG CENTER FOR THE ARTS

摄　　影	Iwan Baan, Ethan Lee, Shawn Liu Studio, Sytze Boonstra
资料提供	麦肯诺建筑师事务所（Mecanoo）
地　　点	中国台湾高雄市
建筑设计	麦肯诺建筑师事务所（Mecanoo）
本地建筑师	Archasia Design Group（中国台湾）
总负责合伙人	Francine Houben
项目建筑师	Nuno Fontarra
项目负责人	Friso van der Steen
设计团队	Aart Fransen, Bohui LI, Ching-Mou Hou, Danny Lai, Frederico Francisco, Jaytee van Veen, Joost Verlaan, Leon van der Velden, Magdalena Stanescu, Nicolo Riva, Rajiv Sewtahal, Reem Saouma, Sander Boer, Sijtze Boonstra, Wan-Jen Lin, Yuli Huang, William Yu, Yun-Ying Chiu.
创始合伙人	Francine Houben
创意总监	Francine Houben
艺术/执行董事	简文斌（Chien Wen-Pin）
建筑面积	141 000 m²
结构工程师	Supertech（中国台湾）
机械工程师	Yuan Tai（中国台湾）
电气工程师	Heng Kai（中国台湾）
声学顾问	Xu-Acoustique（法国）
剧院系统	Theateradvies, The Netherlands; Yi Tai（中国台湾）
照明顾问	CMA lighting（中国台湾）
消防安全顾问	Ju Jiang（中国台湾）
风琴顾问	Olivier Latry（法国）
屋顶立面顾问	CDC（美国）
3D 顾问	Lead Dao（中国台湾）
交通系统顾问	SU International（中国台湾）
竣工时间	2018年

解读

解读

1 建筑外观（© NAARO）
2 鸟瞰图（© Iwan Baan）
3 皇冠厅（© Shawn Liu Studio）

中国台湾高雄市作为重要的国际港口，也是一座现代化、多元化的滨海城市，拥有丰富的文化与艺术底蕴。其最新地标建筑物卫武营艺术中心坐落在高雄市中心占地面积116英亩（470000m²）的亚热带公园中，场地原来为一处军事训练基地，建筑设计由荷兰Mecanoo建筑事务所负责，目前成为世界上最大的单屋檐建筑表演艺术中心。这座充满艺术吸引力、功能全面的建筑综合体不仅标志着高雄市艺术和文化的繁荣发展，同时也成为城市乃至地区进一步走向国际化的重要标志。

在造型上，这座延绵而巨大的建筑综合体以榕树群为灵感，设计充分考虑了当地的亚热带气候，采用了开放式的结构。连续的屋顶和墙面共同形成一个巨大而起伏的结构，将建筑内的各种功能连接起来。屋顶曲线柔和，亦如同大海包容的波浪，同时局部形成多处如树穴般的连续自由曲面。位于屋顶下方的榕树广场是一个宽阔且受到荫蔽的公共空间，人们可以在这里散步、交流或进行各种类型的活动。南侧的全户外剧场将屋面与场地连成一体，建筑如同从地上生长出来。

在功能上，建筑综合体总面积超过14万平方，拥有5个艺术表演空间：2236座歌剧院、1981座音乐厅、1210座剧场、434座独奏厅，以及南侧的露天剧院。核心空间通过位于若干个门厅与地下服务楼层形成连接，同时每个剧院的后台区域也被包裹在其中，局部的屋顶天窗为公共空间带来采光。

歌剧院作为歌剧、大型戏剧、舞蹈及跨领域等表演型式的大型舞台，成为台湾目前最大的同类场地。观众席为马蹄形座席布置，舞台的机械设备实现全自动化，是全台湾首座以大型计算机辅助运作的歌剧院。一楼观众席以矮墙划分为4个区域，二至三层看台拥有连贯且富有韵律的水平线条感。

音乐厅为葡萄园式座席设计，不同角度及高度的观众距离舞台更近。主舞台由5列共15台升降乐池平台组成，舞台上方垂挂可升降式的音响反射板，可配合各类型音乐演出特性及不同乐团规模，采用

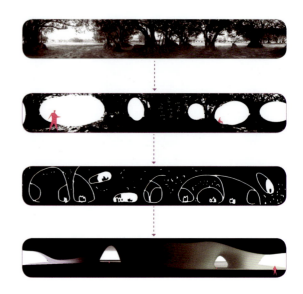

```
| 1 | 2 | 4 |
|   | 3 |   |
```

1 榕树广场（©国立高雄艺术中心）
2.3 概念图
4 外观细部（© Sytze Boonstra）

分别距舞台面 9m、14m、17.8m 三种预设位置，同时可灵活调整高度和角度，使表演者及观众均能享受最佳声效，感受演奏的魅力。音乐厅的管风琴由德国百年历史管风琴制造厂 Johannes Klais Orgelbau 承制，为目前台湾最大规模的管风琴，其设计与音乐厅内装风格融为一体，主管风琴及回声管风琴采用了不对称配置，无论视觉还是听觉上都达到了极高的标准。

戏剧院作为各种戏剧、舞蹈表演的演出空间，也实现了计算机的辅助运作。舞台前方配置有 8 组升降机及可拆卸活动座席，可自由地切换在突出式三面舞台、全观众席、部分观众席或部分乐池等模式间。舞台拥有镜框式以及三面式两种形式，单面镜框式舞台搭配升降乐池，变化为突出式三面舞台，延伸进观众席，能拉近观众与演出者的距离，能近距离感受剧中的喜怒哀乐，最大程度呈现戏剧张力。

表演厅主要作为室内声乐、独奏及其他小型表演类型使用，并可因应多元类型演出，调节室内吸声值。形态上是传统鞋盒型音乐厅的转化，呈不对称的布置。

户外剧场坐落在建筑南侧，毗邻卫武营都会公园，作为多元性演出的非典型剧场空间，市民及游客可以任意在地面及剧场内外进出，拉近了文化艺术与民众生活的距离。

项目艺术总监简文斌认为，来到卫武营旅游的海内外游客看到的是对戏剧、舞蹈、景观和音乐的热爱，观众都是热情而又知识渊博的。他们将继续与国内外的艺术家一起工作，探索能够反映当代最佳实践的新思路。卫武营的这座伟大建筑，将会拥有更多创新的机会。

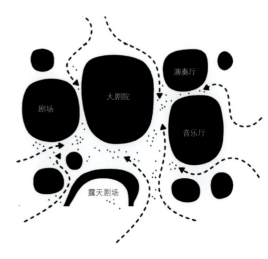

解读

解读

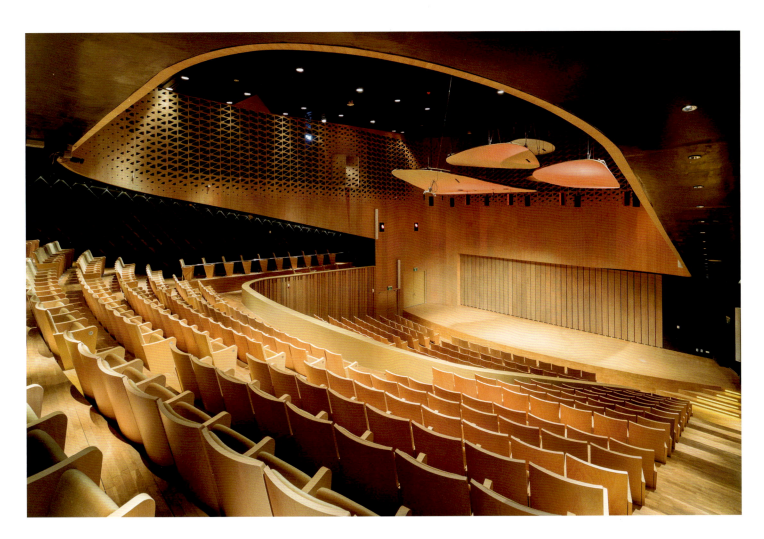

1	
	2
	3

1　音乐厅（© Shawn Liu Studio）
2　演奏厅（© Iwan Baan）
3　建筑表面结构图

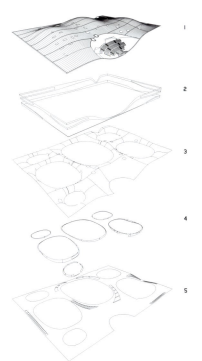

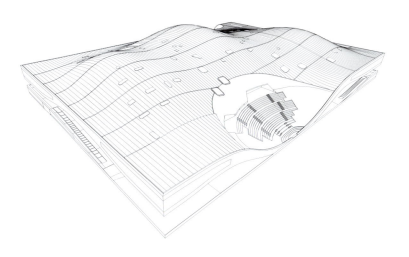

1　屋顶包含户外座位区 34 843m²
2　垂直立面 6 896m²
3　榕树广场表面 20 724m²
4　圆角 2 320m²
5　榕树广场 17 446m²

解读

解读

1　剧场（©国立高雄艺术中心）
2　榕树广场（© Ethan Lee）
3　室内细部（© Sytze Boonstra）

解读

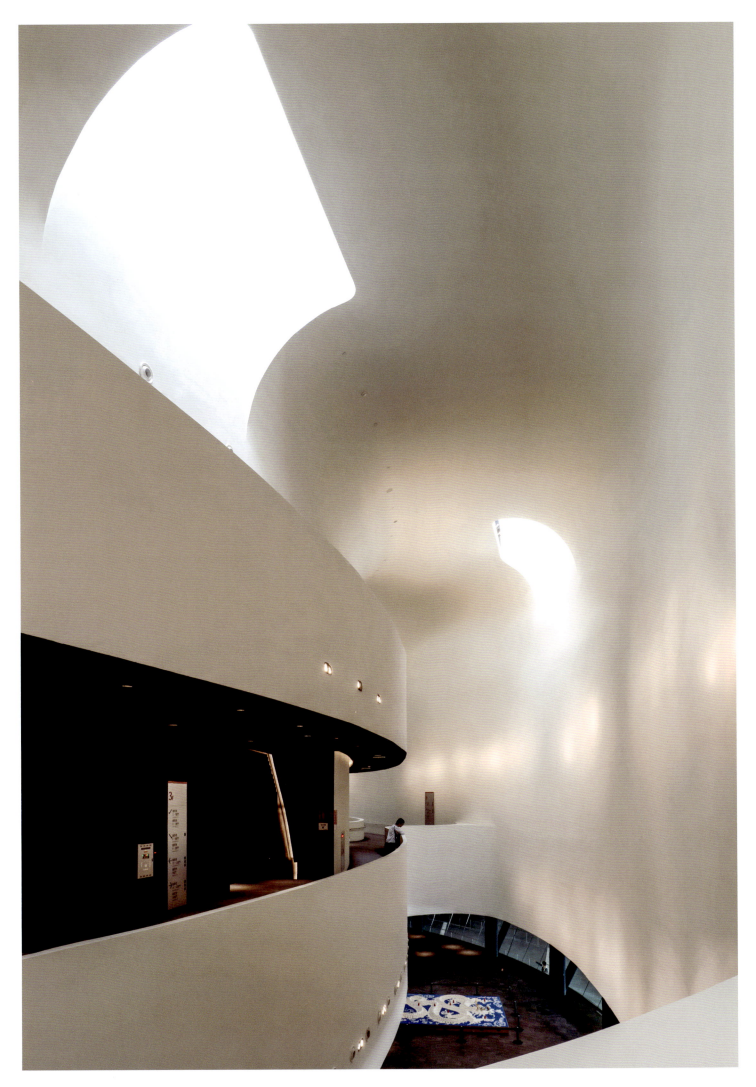

解读

南京国际青年文化中心
NANJING INTERNATIONAL YOUTH CULTURAL CENTRE

撰　　文	Arz
摄　　影	ZHA, Hufton+Crow, Jumeirah Hotel
资料提供	Zaha Hadid Architects (ZHA)
地　　点	江苏南京
建筑设计	Zaha Hadid Architects (ZHA)
总 设 计	Zaha Hadid, Patrik Schumacher
记录建筑师	中国建筑设计研究院
结构/MEP工程师	BuroHappold Engineering, 中国建筑设计研究院
垂直运输顾问	Dunbar and Boardman
立面工程师	BuroHappold Engineering
景观设计师	SWA Group
照明顾问	Brandston Partnership Ltd
声学顾问	浙江大学
戏剧顾问	China Art and Technology Institute
主承包商	中国国家建设工程总公司八部、中国国家建设工程总公司三部
业　　主	河西新城规划局
塔楼高度	255 m与315m
建筑面积(含地下)	465000 m²
酒店面积	136000 m²
会议中心面积	106500 m²
办公面积	122500 m²
竣工时间	2018年

解读

1 建筑细部
2 建筑外观

　　南京国际青年文化中心是利用举办2014年青年奥林匹克运动会的后续能量,所形成的一处具有持久影响力的支柱性项目,它位于南京的城市轴线与长江的交叉点处,是城市结构与沿江公园自然景观的组成部分,对河西新城的未来发展具有重要且积极的催化作用。

　　这处建筑综合体包含两座南京卓美亚酒店的塔楼、一座拥有会议设施的文化中心、城市广场、办公设施与综合性空间。这里最初为2014年青年奥林匹克运动会提供住宿服务,如今,综合体主要服务于酒店的运营,同时会议中心也成为江苏省年度会议的举办场所。会议大厅可容纳2100人,并配有多功能舞台,适合于会议、文化和戏剧活动,礼堂包含500个座位,具有良好的声学性能。文化中心的四个元素——会议厅、礼堂、商店和宾客区,均为独立空间,围绕中心庭院而设。这四个元素在更高的楼层上形成整体,使人们能够在地面上穿过一个开放的景观空间。

　　文化中心的建筑造型如同一幅立体的书法作品,与南京1600年历史的云锦传统相呼应。云锦是以当地工匠用错综复杂的织金银织物的锦线而命名的,像云锦线一样,这条连续的"线"贯穿了整个文化中心,连接着塔楼,并延伸到新的中心商业区、滨河公园和江心洲岛。在塔楼造型上,两座高层建筑的轮廓自下而上逐渐变细,内部空间具有极其宽敞的视角,高度分别为255m和315m,是扎哈·哈迪德建筑师事务所迄今为止建成的最高建筑。

　　会议中心的内部设计利用非线性曲线,具有独特的几何魅力,同时合理地将自然光引入了其深层区域,实现了空间质量和性能的双重高标准。建筑拥有高层立体花园,丰富了体验的层次。办公空间结合了机械通风和自然通风,达到绿色标准,有效的风能及热学策略、最优的设计取向、灵活的规划和自清洁立面等全方位建筑性能考虑,使项目追求最大化的设计寿命。也应证了扎哈·哈迪德建筑师事务所对于节能与环保的一贯追求,以及对造型、功能、性能全方位的平衡。

　　作为中国大陆首个完全采用"自上而下"及"自下而上"结合的塔楼建设项目,工程兼顾了地面建筑与地下建筑同步规划设计及建设,将建设时间与传统项目相比减少了整整一年,在设计开始后34个月就竣工了,所有工程只持续了18个月。

解读

解读

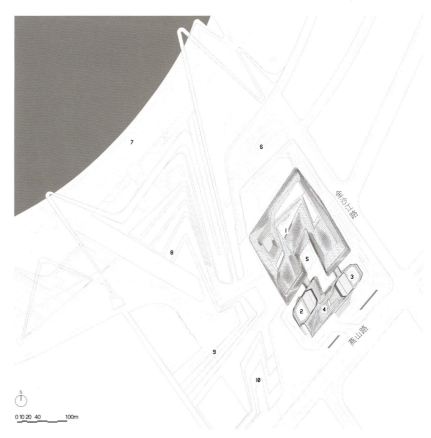

1	会议中心
2	塔楼1，会议型酒店 & 酒店式服务公寓
3	塔楼2，五星级酒店 & 高级写字楼
4	演讲台 - 会议型酒店便利设施
5	下沉式广场
6	客车停车场
7	河滨公园
8	活动广场
9	光之大道
10	水景广场

1.3 建筑外观
2 总平面

解读

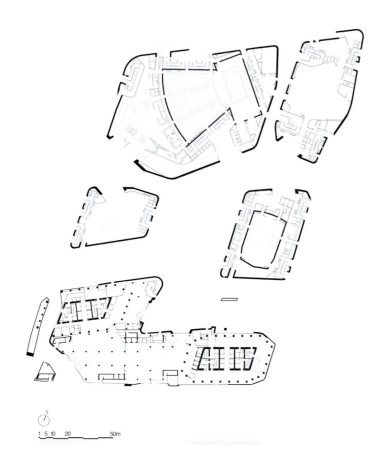

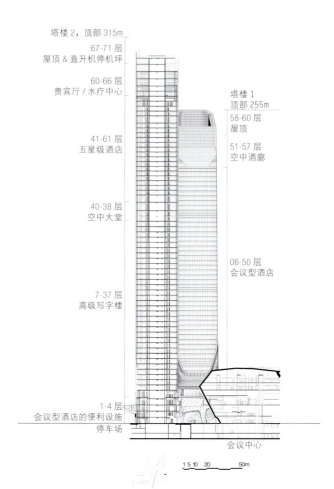

塔楼2，顶部315m
67-71层 屋顶＆直升机停机坪
60-66层 贵宾厅/水疗中心
41-61层 五星级酒店
40-38层 空中大堂
7-37层 高级写字楼
1-4层 会议型酒店的便利设施 停车场

塔楼1 顶部255m
58-60层 屋顶
51-57层 空中酒廊
06-50层 会议型酒店

会议中心

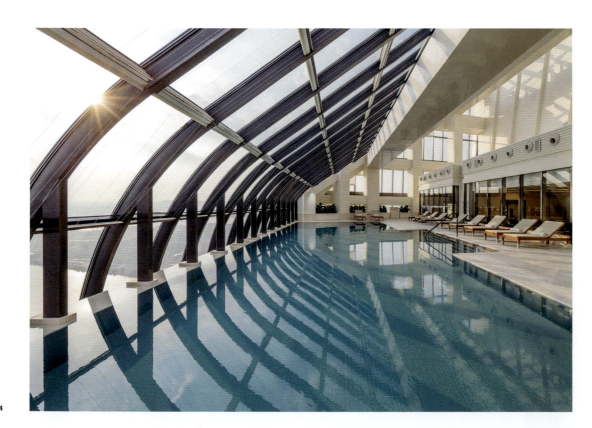

| 1 | 2 | 4 |
| 3 | | |

1 首层平面
2 剖面图
3 屋顶泳池
4 大堂接待区

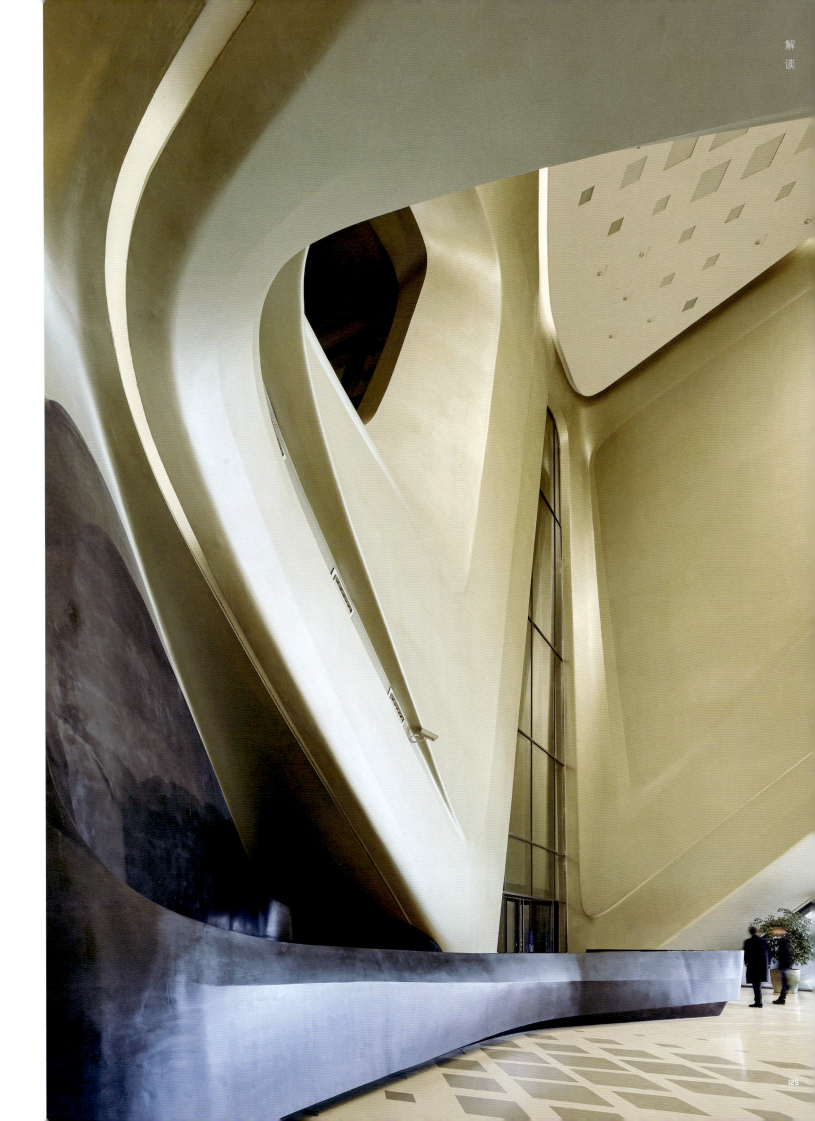
解读

解读

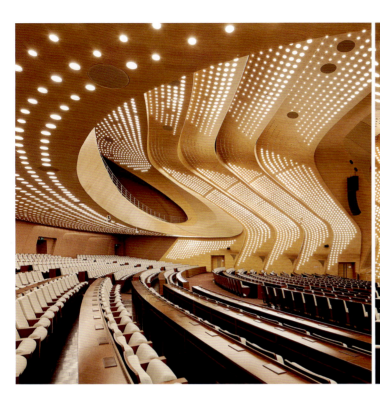

1 文化中心大厅
2 会议厅
3 礼堂
4 中庭

从概念到意念

撰　文　｜　叶铮

本文讲述了室内设计由表及里、从"设计唯物"向"设计唯心"发展的三大阶段。本文围绕"广意技术"范畴的建立，重点指出以空间主题为核心的学科思想，并通过空间认知，作为制约、平衡室内设计专业，趋于"装饰化"学科短板的立场与方式。

对室内设计的认知与发展，有其自身的必然性，同样遵循着一个由表及里，由浅入深的过程规律。但不同的入门的切入点将导致最终发展历程的不同。以概念认识作为室内设计的技术性切入点，而后围绕空间为核心，进而走向意念的追求，这是由本专业发展规律所导致的认知轨迹。

所谓"概念"，在室内设计中应理解为对表述媒介的认识与提炼，是褪去文字语意之后的纯粹空间建构，更是本学科的"技术"课题所在。它归属于设计唯物的范畴，是"智"的产物。所谓"意念"，在室内设计中可视为对空间语境含意的追求，是思想与情感的表现，是对人文性与公共性价值的追求。它归属于设计唯心的范畴，是"善"的产物。设计的最高境界，乃是"智"、"善"合一的过程。"泓叶设计"恰好是在近二十余年的研究探索中，逐渐形成了从概念到意念的发展轨迹，回顾其专业认知的历程，可大致分为如下三大阶段。

第一阶段，是感性模仿与起步阶段。为此建立了一系列专业技术规程与标准，解决常用的专业技术问题，形成较为系统理性的专业表述方式，大量填充基础性空白：如制图规范、材料与构造、功能模式等，都是这一阶段首先解决的问题。

第二阶段，是设计专业提升的关键性一步，开始着重研究设计思维与过程表述，并开启了对"概念"的思索。研究的方法仍是建立在对大量案例的分析基础上，从中不难发现一个现象，即："凡是做得不好的设计，是各有各的不好；凡是做得好的设计，却有着相同之处"。而面对大量前人的优秀设计，虽然已无从知晓这些设计是如何开始操作的，但通过最终的作品呈现，却使我们认识其设计物化的终极途径，即作为空间呈现的物质媒介，并且对媒介的认识有其设计归属的共同规律。于是，这样的发现成为我们对概念理解的起点。

由此，我们将概念构成归纳为三个层次：概念（1）、概念（2）、概念（3）。

第一层次概念（1），是对概念表述的初级认知，是对空间视觉表述元素的认识，即空间构成专项，也称为"空间语汇"。其中包含"空间选型"、"空间造型"、"空间材质"、"空间色彩"、"空间界面"、"空间照明"、"空间陈设"七大部分。每一专项都可成为一个独立的空间表现概念加以发展，也可以是多项组合概念的叠加表述，这是一种视觉语汇的表现概念，是对空间显现媒介形式的探索。这一阶段发展的顶峰，可以产生出对设计原型的开创，丰富设计表现的形式。世上许多开天辟地的设计杰作，均出自这一阶段的成果。

第二层次概念（2），即对空间构成关系的认知，着重对室内空间逻辑的研究，又称"空间语法"。如果第一层次仍然停止在对表象空间的理解，第二个层次就是进入到对空间抽象性本质的发现，是对关系建构的逻辑性理解。欲以彻底排除空间具象性的干扰，上升至相互关系存在的认知层面，同时真正开始进入到空间的思维状态。至此，上述第一层次的语汇概念，在此阶段进一步的关系建构中已然失去其语汇本身的属性价值：色已不是色本身；材也不是材本色；光亦不是光本色……，在此，一切互为彼此，一切皆为空间。进而可以理解为：形即色；色即形；色即材；材即色；光即是形……以此类推，因为不论其形、色、光、材，都是空间存在的相貌片段，都以不同形式服从建构层次关系的需求，于是，一切即为空间。作为室内专业技术层面的研究，如上内容是对空间较为核心的理解。

第三层次概念（3），是对空间风格样式的追求，并包含第一层次的七大空间语汇和第二层次的空间语法，是概念发展中的集大成者。又称为"空间语系"。即通常我们所描述的风格样式问题，也可视为更宏大的空间原型的创建，为此，风格语系往往是时代文化积淀的集体产物。同时风格又潜在成为一种社会语意的象征，这点不难从设计历史中得到充分的佐证。

上述关于概念的三个层次认识，仍然处于室内设计学科中专业技术的理解范畴。在上述两个阶段的研习基础上，"泓叶设计"对概念的理解，又产生了一次新的发展，如果前三个层次是作为对概念认知的线性深化，那么此后阶段可视为对概念认识的平移发展，开始游离于专业层面的边界。

第三阶段，即对设计语境及语意的追寻。也是本书中意念部分的开始。引用一个常用的专业术语，叫做"场所精神"。其实，上述概念的第三层次，已经开始显露出对设计语意的表达。

如前所述，概念的初始层次是褪去语意后的纯粹专业性建构，那么到了意念阶段，则是对建构之物赋予相当人文情怀的诉求，类似传统中国画论中的"意境"、"意像"等概念。具有叙事性、文学性、象征性等特点。在室内设计中，意念或是引导着一场空间的诗意，或是某类价值观和情怀的感性显现。如此，单纯的室内空间设计，已不仅是设计唯物的世界，更是设计唯心的世界。如同人文世界中所有其他创造形式一般，成为整体人类社会中情感与思想的表现部分。由此展现了室内设计从现实功能问题与技术问题出发，经由空间建构所导致的形式与审美的意念化追求，进入到人文精神的表现领域，并构成了一幅从世俗满足到专业技术；从物质世界到精神理念的全画幅宏大叙述。

如果说从概念到意念是作为设计发现与表现的两大阶段，是由物质媒介向精神表述的发展过程。那么，除此之外仍有另一层需要被强调的含意：即所有意念的追求均需以概念层次为基础，也就是说以专业技术为核心，渐次推进，最终求取其人文精神的表现，这是一个从专业技术迈向专业人文的必经之路。之所以强调这点，恰恰是当下设计界充满这类背道而驰的情况。如此所造成的结果，便是产生一批有所谓"思想高度"和所谓"情怀理想"，却无专业深度与技术含量的项目；抑或产生一些只是口头表现的设计师。如此则有失专业之本，所有的意念追求亦显得无所价值。此类情况本质上只能归属于业余爱好者的行列。因此，设计立身之本的核心问题，仍在于专业性、技术性的探索水准。

对室内设计学科而言，专业技术的核心就是对空间的认识与表现。只有认清空间存在的方式，才能真正进入专业性本身。由于空间是如此抽象，需要通过物质媒介具体途径得以具象显现。因此，认识空间，又可以从认识表述空间的物化媒介入手，即上述所说的概念入手，并将语汇概念发展至语法概念的认知层面，由此可以开启对空间抽象关系的理解。而空间本质的抽象性特征意味着：无所谓持有什么具体形象，如造型、材质、光色、界面……，其抽象性在于相互的形式逻辑关系，一旦关系确立，一切表述媒介均成为关系的建构。所以，建构又是抽象关系与具象媒介的桥梁。研究概念，研究如何建构，就是在无限接近空间本意。空间本无相，有的只是一种相对关系，而关系又有其明显的主观性，所以空间本意，又可视作为一种主观理念的存在形式。

由此可见，对概念的理解是打开空间认知的钥匙。因为，对概念的理解发展到了一定深度，空间便开始呈现；而对空间理解的不断升华，场所意念便开始出现，同时又可能爆发出概念的新型原型模式，这又是概念发展的里程碑表现。而这是一个相对复杂而漫长的专业感悟过程。可以看出，从概念到意念，包含了从空间认知到原型模式的创立；包含了从空间表象到场所精神的全方位学科体现。在此，空间成为衔接概念与意念的核心内容，成为室内设计学的学科基石。

注重空间，同时更有另一番作用，就是借此作为挑战室内设计专业短板与局限的有效方式。因为空间的抽象与理性特质，对室内缘起装饰的非理性因素起到相当的抑制和善化作用，并引领室内设计走向一个更为宽广而高尚的专业层面。所以，虽说装饰存在的表现方式各异，装饰在室内设计中的运用需恪守如下两个原则：一，有限度的使用装饰语言，并处于设计表现的非主题层面；二，以空间理念为引导原则，将装饰纳入服务于空间理性关系的建构中，而非单纯的界面填空。倘若背离了这两大原则，装饰就如现代主义大师路斯的名言——"装饰即罪恶"。因为装饰的发展，其实是潜在顺应了人性中欲望、贪婪、虚情、膨胀等非理性因素，恰如人体中"劣性细胞"，在其初期弱小的时候，似乎根本无法构成对人体的影响，一旦进一步膨胀，就如癌细胞一般，是致命的打击。为此，同样的道理不难发现，历史上任何辉煌的帝国王朝，其初创至覆灭的过程，往往也是装饰从弱到盛、由简至繁的过程，是一个内在精神力量日益衰弱的过程。装饰极度盛行之时，往往是一个时代消亡之际。因为每当社会人心开始虚空，财富与权力又高度集中，贪婪与膨胀一定会寄身在装饰的语言中，其性同构，物以类聚，成为倾泻人性之恶的迷醉剂。

装饰成为填补空白的最便捷途径，而填充空白又是其存在使命，而此处的空白，指的不单是界面空间，更在于精神空间的双重虚空。

摆脱装饰，就是摆脱室内设计专业的短板制约，就是从摆脱非理性的初始专业基因开始，告别始于又终于具象表现传统的思维模式开始。这便是追寻空间的本意，建构空间的抽象逻辑关系。如此，室内设计将转变为始于空间抽象理念，而终于具象显现的新模式。

至此可以发现，室内设计的内涵就是以发现和解决功能问题为先导，由物质媒介出发的概念建构，并直抵空间关系的梳理，创建或再现空间模式原型。室内设计的外延则是从空间建构出发，追求设计的意念化表现，体现特有空间所特有的场所精神。据此可见，一流的设计，首先是在专业史上开创原型模式，并赋予其精神意念的作品，因为这些设计师们赋予了新的专业发展方向，成为设计史上开天辟地的英雄，如此，他们才是设计界中真正的大师，是大师中的大师。

从概念到意念，反映出室内设计从平凡的日常碎片开始，通过专业的技术路径，梳理其空间理性的存在秩序，最终走向设计唯物与设计唯心的智善合一。

电影中的当代图像美学
——贾樟柯电影中的当代艺术诊断

撰　文　|　苏丹

贾樟柯电影的美术特征不是那么明显，完全不同于之前功成名就的那批导演，如吴子牛、张艺谋、陈凯歌等使用传统的、追求经典图式语言的风格。在他的电影中，唯美的、构图经典的、色彩凝重的、追求绘画效果的画面消失了，取而代之的是具有现实性的、充满矛盾和冲突的、荒诞凌乱的以及具有超现实主义色彩的镜头画面，从中我们看到了一种电影镜头语言的迭代。我想这和当代摄影观念的发展变化不无相关，因为二十多年来，摄影图像作为当代艺术族谱的一分子一直在快速发展着。一方面，摄影和摄像的大众化正在悄然改变着社会交流的基本方式，另一方面，越来越多的视觉艺术家开始采用摄影和新媒体进行思想的表达。这一方面形成了新的母语环境，另一方面艺术家们不断地思考和实践，逐渐提炼出了新的图像语言的基本范式。经历了接近两百年战战兢兢的生长期之后，摄影已经甩开了绘画的阴影，坦然地面对自己的"体能特质"，然后肆意地奔跑以寻找一切属于自己的可能性。

电影具有两面性，它既可以是出于商业目的利用工业手段生产的商品，也有可能完全跟随导演、制片人的意愿进行个人思想和情感的表达。贾樟柯的电影基本属于后一种类型的代表，他的图像语言具有先锋性和实验性。经过多年的探索和实践，他已形成具有鲜明特色的生产图像的方式，甚至我们可以断言他创造的影像已然成为当代影像的代表。

反唯美

贾樟柯的电影图像不仅告别了古典的美学，反而朝着过去那种试图塑造永恒性相反的方向渐行渐远。《江湖儿女》是我看的他所执导的第一部片子，当然之后很短的时间里我又依次看了《小武》《三峡好人》《天注定》《山河故人》和《二十四城记》。每一部电影中喷涌而出的画面都会让我想到这二十多年以来，中国当代摄影中的一些代表性的人和事。在座谈中贾

1 清华艺博苏贾对谈时,贾樟柯导演提及的"山西85美术"时期宋永平行为艺术作品《压碎自行车》
2 贾樟柯电影《三峡好人》画面
3 "山西85美术"时期,宋永红、宋永平兄弟行为艺术作品《一个场景的体验行为之一》
4 贾樟柯电影《三峡好人》片尾处出现一个走钢丝的人
5 李海兵作品《一样的我,一样的目光》,1999年~2000年

樟柯曾经谈到20世纪80年代电影《黄土地》对他的影响,他认为黄土地的图像对于他来说就是一次当代视觉艺术的启蒙。黄土地上映的时候恰巧我在读大学二年级,当时我的美术老师是中央美术学院20世纪50年代早期的毕业生黄佳先生,他把建筑系系办的电视给我们借到了教室里,晚上偷偷放映(主要是怕其他专业的学生涌入),《黄土地》中的每一个画面都是震撼人心的,凝重而又调和。人物的对白极少,它依靠洗练的图像去叙事。这部电影留给我的视觉记忆是非常深刻的,它的美术特征非常明显,且美术风格,和罗中立的作品《父亲》如出一辙。现在看来这种图像虽然依旧是传统的形式,但是它在经历一场巨大文化劫掠之后的思想解放过程中,却有非常积极的作用。

美术对电影的影响是存在的,在特定时期甚至是非常重要的,在"八五美术"期间这种融合有着非常良好的主观愿望和客观条件。现当代艺术在手法上强调综合,在语言上追求多义,在叙事中探索复合性的价值取向使得传统观念范畴中的各个领域边界开放了,让它们彼此交融成为可能。更为重要的是当代艺术在山西的实验也进行得轰轰烈烈,当时尚在准备考学的贾樟柯也见证并参与了一些活动,这无疑对他的创作观念和情感有着双重的影响。在贾导2018年12月28日清华活动的自述中,他谈到了20世纪80年代一本关于德国表现主义绘画的小册子对他的影响。这本小册子打开了他的视野,让他看到了写实绘画围墙之外的另一种美好景观。

而"山西85美术"中的"乡村计划",首届中国现代艺术展中黄永砯的那件把《中国绘画史》和《现代绘画简史》放在洗衣机搅拌的作品,却让他看到中国当代艺术的活力。这种活力主要表现在突出的观念性、边界的开放性以及手段的复合性等方面,它带给了艺术表现的更多可能。后来《三峡好人》的拍摄初衷也和刘小东对类似题材的绘画相关,刘小东是中国当代人物画最有代表性的画家,其风格应当算作具象表现主义,其笔下的题材也都是日常生活中最稀松平常的人或景观。但这些其貌不扬的人和物在刘小东笔下却获得了巨大的能量,超级的概括能力、明亮的色彩和飞扬的笔触唤醒了以往被忽略素材的活力,生机勃勃的画面宣告了一个新的社会学视角雄心勃勃的开始。

反唯美的意识抽空了电影中古老的视觉结构,但贾樟柯的电影并没有因此而坍塌,他信心满满地用另一种美学快速填补了这一空缺。事实上大众对这种美学是喜爱的,因为它们更加民主、更贴近现实生活,唯一的问题是他们从新闻联播的主流美学中挣脱出来尚需要一点时间。

隐喻和超现实主义

1924年法国作家博勒东（Andre Breton）在《超现实主义宣言》中写道："超现实主义是人类的一种纯粹的精神无意识活动……"而超现实主义电影是这种主张的主要实践领域，充分展示了这个概念对于人类潜意识表现的出色作用，多少年来一直被一些先锋性导演追捧，在他们的手中完成了许多令人过目不忘且悬疑的画面。

超现实主义手法在贾樟柯的电影中也屡屡出现，这一方面和其接受专业教育期间获取的历史信息有关，更重要的是源于一个历史转型期空间环境的巨变以及剧烈的文化冲突，这两方面的原因会让身处其中的人在现实的巨大压迫下对过去的经验产生怀疑。超现实主义手法在《天注定》、《江湖儿女》、尤其是在《三峡好人》中多次使用，完成了一些难以言说的精神性表达，令人记忆深刻。三峡工程本身就是一个超现实性质的工程奇迹，它是人定胜天的信念支撑下进行的挑战生态伦理的浩大工程。以举国之力去颠覆自然形成的肌理，用最强大的工程技术构筑超尺度的建筑，同时采取超常规的行政手段大规模地迁徙人口。因此在这个特殊项目的背景之下，整个影片都铺上了一层浓郁的超现实主义底色。《三峡好人》中一座具有魔幻色彩树状的粗野主义风格的建筑形象不时闯入镜头，它像一个历史的不速之客唐突地闯入，最终又像火箭一样在耀眼的火光和烟雾的抬举下徐徐升空仓皇逃亡。这个细节也曾经是一个关于平壤柳京饭店烂尾楼改建的国际建筑设计竞赛中的优胜方案，最终那个亚洲第一座超过百层的像火箭一样造型的大楼，在一片烈焰中腾空而起消失在夜幕中。而几年之后在朝鲜被誉为"火箭男"的新一代领导人，终于实现了这个超现实的梦想。

还有在片尾建筑废墟轮廓的背景中，居然有一个颤颤巍巍在走钢丝的人……这些无厘头的情节大大增加了整体叙事所要

1 贾樟柯电影《天注定》片尾画面
2 贾樟柯电影《天注定》中罗辉所在的工厂宿舍，最终他从此处跳下
3 贾樟柯电影《三峡好人》中树状建筑如火箭一样升空
4 刘瑾《站在废墟上的天使》，2005年
5 何崇岳"始乱终弃"展览的作品
6 贾樟柯电影《三峡好人》画面

表达的矛盾感、疑惑与悬念，这是对现实最大的嘲弄。《天注定》中年轻打工者在深圳和东莞经历的反差也是绝对令人惊艳的，苦逼和享乐近在咫尺，糜烂和清苦一地两生。中国特色的制造行业现场那种冷漠的、壮观的、机械的复制行动，令我想到托马斯·拜尔勒在《中国摇滚四十年》中展现的作品。人类文明在加速奔跑的过程也是不断复合的过程，怪诞的视觉也许是试错的结果，也许真的就是我们的未来。

超现实主义的画面创造和呈现在讲求逻辑的语境里是无厘头的，但是这种突如其来表面看去不知所云的片段恰恰是艺术电影不可或缺的特征。理性让人们在循规蹈矩中学习和默读，而感性却是跳跃的，它会让你超越既定的框架凌风飘举。

虚拟与客观

当代艺术中的摄影美学非常在意镜头的客观意义，而不是强调刻意摆拍下表达的古典主义美学假象。这源于摄影家对于人工环境意义的怀疑，当他们面对的环境变化明显有悖自然伦理和社会伦理的时候，批判性就会成为一种明确的态度。在这种理念之下纪实性、偷窥的、监视的视角就变成了主要的摄取方式。隐蔽的低视角、闪光灯下的、甚至监控设施视角的半俯瞰方式就跻身于电影的拍摄中，形成了新的图像特征。

贾樟柯电影的镜头语言是他尽力追求客观性和现实性的结果，对社会现实的忧虑是他所秉持批判性的由来，这也让他彻底放弃那种唯美的、赞颂性的视觉语言。当代艺术的发展动力之一就在于它和当下社会的关系，一种新型的互文性直至成为相互生产的动力。图像尤其摄影图像的力量就在于它对于现实的映照，社会关系以图像的方式呈现出来接受公众的评价，这是一个激动人心的过程。一直以来电影就是一个虚拟的现实，传统的让观众入戏的套路就是虚拟出引人入胜的情节，所谓无巧不成书几乎成为情节的定式，镜头对角色的刻画往往需要特写来加强，特写成为观众进入角色人格和心理的通道。

贾樟柯电影中的虚拟比重大幅度降低了，特写很少而且普遍弱化了，这种看似平淡的镜头处理像是文学中的白话，拉近了和现实的距离。《二十四城记》基本采用了纪录片式的拍摄方式，故事在人物访谈式的情景下展开，大量这样的情景和虚拟情节的融合会增强电影的现实性。个个角色如同一个个棱镜，平凡中透着非常。几乎每一个任务和情节都能在现实中找到原型和出处：韩三明的婚姻令人们想起20世纪90年代初期的山西"打拐风暴"；明眼人在《天注定》中大海的角色中马上就会想到胡文海事件；此外还有就是接二连三的富士康员工跳楼事件、重庆周克华案件等等。虚拟弱化之后电影的灰度增强了，它变成了一种介乎于故事片和纪录片之间的东西。影片中的绝大多数图像都来自真实的现场，以至于拍摄者从不顾及现场围观者异样的目光，这种创作观念指导下生产的图像有一种粗野主义美学，也有浸没剧场的美学意义，和粗粝的现实既彼此呼应又超越其上。这样被戏剧化之后的现实再次敲击人们的心灵，会产生巨大的震撼。

观念的图像

当代艺术是观念性的艺术，即理念在

先的创作实践产生的作品，它的美学系统有很强的文本性，而不是完全依靠美学经验去完成创作。摄影是拍摄电影的基本方式，因此每一个时期的电影镜头语言在细节上都反映出这个时代摄影美学的特点。强调观念性是中国当代摄影的主要特征，没有观念摄影就丧失了时代性的基本价值。因此处于广义当代艺术大范畴的当代摄影中，观念性总是第一位的。

旅美摄影家史国瑞是我的老朋友，十五年前他的作品就已经引起国际上一些大型艺术机构的关注。史国瑞使用的摄影方式是针孔摄影，这种较为"古老"的摄影方式成像时间很长，在相纸上需要十六个小时之多。史国瑞正是利用了成像时间漫长这个特点去拍摄城市化过程中的都市景观，如此这般他创造的影像中，活动的因素就消失了，比如人和汽车。"人"的消失是史国瑞摄影最重要的语义，图像中的恍惚和清晰折射出来艺术家对快速城市化认识的深刻性。

摄影艺术家刘瑾系列作品"受伤的天使"中，把行为和影像综合在一起形成自己的作品，既客观反映了城市化过程的浩大和残酷，又带有一种人性悲悯的情绪。"始乱终弃展览"展览是20世纪初三位当代摄影家的联展，何崇岳、陈家刚、缪晓春用各自的影像表现了都市、工厂、园林的形态，昂奋和失落接踵而至再现了一个生生不息的古老循环。"大撤退"是金江波在2007年的系列摄影，艺术家通过在金融危机时深入制造业一线工厂的拍摄，捕捉资本社会的那道看不见的风景和它们造成的巨大影响。这些作品无一例外都追求技术上的至臻至美，但是又无一例外地抛弃了赞美和讴歌，转而偏执性地记录现实。他们的作品中无一例外地表现了衰败、解体、伤害这些负面的现实。但无不给人以心灵的震撼，发人深省……贾樟柯的电影中，这种类型的镜头比比皆是，它们被精确安置在叙事的环节中，精准对应着现实时空中重要的事件和人物。用纪实和记录片段的镜头语言拍成的电影最终被拍摄者定义为"艺术电影"，足以表现了他的美学立场。

不久前去瑞士温图尔特访问瑞士国家摄影基金会，见到了摄影家Andreas Siebert。这位摄影家长期关注中国城市化的过程，追踪了许多务工者，拍摄了许多剧变中的环境现场，记录了大量人口流动中的实况。2015年在米兰我结识了意大利摄影家Alexsandro，他曾在广州拍摄二十余年，用自己的镜头记录这座开放繁荣的城市快速发展的过程，他的梦想就是在中国办一个个展。我想西方社会较早地经历了工业化、现代化、城市化的过程，他们在此有许多的经验教训，也有许多的遗憾。其中最重要的就是没有及时的、全面的记录这份文明档案。

无疑社会学视角对于当代摄影具有重要的影响，它的贡献在于让摄影不仅成为一种促进社会进步的手段，还是文明演进的档案。在这个意义上来看，贾樟柯电影具有代表性，他把冰冷的社会现实变成了生动的故事情节，以新派文艺的方式传播，以新类型的档案形式被储存。END

曦潮书店
大学社区中的一座"岛屿"

撰　文 | 伍曼琳（同济大学建筑与城市规划学院 研究生）

摘要：文章在实体书店发展困境的背景下，以曦潮书店这一大学社区书店实践项目为例，从其设计出发点、空间功能与层次性、家具与空间的互动以及材质与空间意象的构建四部分进行了细致的分析与解读，探究了消费空间与文化体验空间在设计中的协同关系，为未来书店发展方向提供了一定的参考与启示意义。

关键词：网络经济、大学社区、实体书店、功能融合、空间体验、空间意象

1　大学社区中的曦潮书店
2　曦潮书店平面图
3　书店鸟瞰轴测图
4　空间的公共性
5　空间的私密性

随着网络经济的蓬勃发展，人们对于阅读的选择逐渐趋向于碎片化，而网络书店和电子书籍凭借其便捷快速、省时省力等优势日益受到人们的青睐，相反，纸质书籍却已少有人问津。在这样的背景下，实体书店的经营正经受着这股信息化浪潮的击打，不少小型书店因在竞争中逐渐失去方向而凋零，其生存与发展面临着难以突围的困境和前所未有的挑战。

一、曦潮——对立与统一

在这个快速阅读、快速消费的时代中，书店作为一种文化消费空间，除了销售实体的文化商品和非实体的文化活动外，空间的体验也可以被视为一种商品来消费，这时消费者所得到的是空间气氛的享受与服务[1]。这种空间与消费的共同促进关系启发了许多实体书店转型升级的方向，他们开始重新审视自身存在的意义，探寻新的发展道路。

位于上海交通大学闵行校区内的曦潮书店正是这样一次模式创新的尝试，其不仅仅作为贩卖书籍的消费空间，同时也是复合了文化、阅读与交流等功能的体验空间（图1）。作为立足于大学社区的实体书店，师生群体是该书店的主要受众，其需求也是影响书店前期策划与空间设计的重要因素。受到区位的影响，上海交通大学闵行校区距离市中心较远，周边配套仍有待完善。对于师生而言，他们缺少一个兼具阅读思考、文化交流功能的空间。曦潮正是在这样的设计初衷下，将书店的消费性与公共性融合、统一，为师生创造了一个独处、沟通、共享的平台，而由此聚集形成的人气，也将为书店的经营带来活力。

那么何为曦潮？曦者为圆，潮者为线，圆圈直线，对立统一。这是曦潮书店核心的文化与精神，是其希望展现给读者的价值观念，同时，这种意象也不知不觉地渗透在了书店的室内空间设计之中。建筑师将圆与直线作为设计语言在空间中寻找着一种对立与统一的平衡状态，这与曦潮的内涵不谋而合，也成为了贯穿策划、运营与设计三者之间的桥梁。

二、空间中故事的发生

1. 多功能融合

事件的发生是促发空间活力的前提。从空间与功能布局来看，书店的业态并不是单一的，其被划分成四个主要的区域——活动区、文创展示区、服务区和阅

读区（图2），不同的区域有着不同的功能属性，彼此搭配，形成了事件与活动的多样性和系列化。

具体来看，活动区包含了茶饮吧台和休闲活动桌椅，可供人们在此喝茶、交流，也可以形成较大尺度的公共活动场地，用以举办小型讲座、论坛、演出等活动；文创展示区紧邻书店主入口，并且其展示橱窗与外部的楼梯形成丰富的视线联系，这使得在建筑内上下穿梭的人流可以很快地接收到展示窗所传达出的信息，形成书店对外的媒介；服务区为书店中央位置的圆形空间，主要供书店内部的服务和管理人员使用，同时也可为读者提供信息咨询、书目查询等服务，该空间就如同中枢一般管理着书店的各个区域，使其能够正常、高效地运作；阅读区是书店的核心部分，曲形、连续的书架设计对原本方正的空间进行围绕与包裹，营造出自由、流动的空间感受，人们可以在此短暂地浏览和查阅书籍，也可以长时间停留进行阅读活动。

对于书店而言，想要更长时间地保持活力，其关键在于能否在空间范围内历时性地连续、交错从事多种活动[2]。曦潮书店正是通过多功能的组织与融合，为不同的空间构建了不同的故事（图3）。在一天24小时的过程中，有独自阅读思考问题的人，也会有结伴自习钻研功课的人；会有三两相聚休闲交流的人，也会有头脑风暴讨论课题的人。夜晚时分，书店的活力却并没有消减，根据主题的不同，有时是小型电影放映会，有时是学术讲座论坛，更有时是乐队的小型演奏会。当书店中的功能被模糊，其所释放出的能量和价值却更大了，人们在其中可以接收信息与知识，同样地，他们也是信息的传递者。这时，它所形成的是一个既可以独立思考又可以展示自我的平台。

2. 空间的层次性

丰富的空间层次与细节往往能够激发空间中事件与偶遇的发生，也促使人们更长时间的停留与更深层次的体验。书店中各个空间根据公共性与私密性的不同进一步划分，空间尺度也相应发生变化，形成丰富的空间层次。活动区是整个书店中最为公共、开放的区域，随着向阅读区的过渡，空间的私密性随之递增，形成了明确的动静分区，使得不同区域中不同属性的活动相互分隔，热闹的公共活动（图4）与安静的读书行为（图5）能够同时在书店内进行。

随着空间层次的进一步深入，空间中的尺度也逐渐减小，这使得人与人、人与家具之间的距离感一步步被拉进，亲密感由此产生。行走在阅读区中可以发现，书架与书架之间过道的距离被建筑师控制在最小的尺度，创造了两人相遇时的擦肩，也创造了阅读区中许多无声的交流。在小尺度的穿行中，空间在某个节点被稍稍放大，放置三两沙发，便形成了如读书会、放映会等小型活动可以举办的区域。

而树洞区作为最为私密的空间嵌套在图书阅读区域中，几步之间便可以偶遇一个"树洞"空间，其尺度只能容纳两人面对面而坐。但在实际使用过程中却发现，亲密的尺度和来往于身旁过道的人流并没有影响这里成为学生们最热衷的选择。这得益于空间的内凹形成的包裹感，如同书

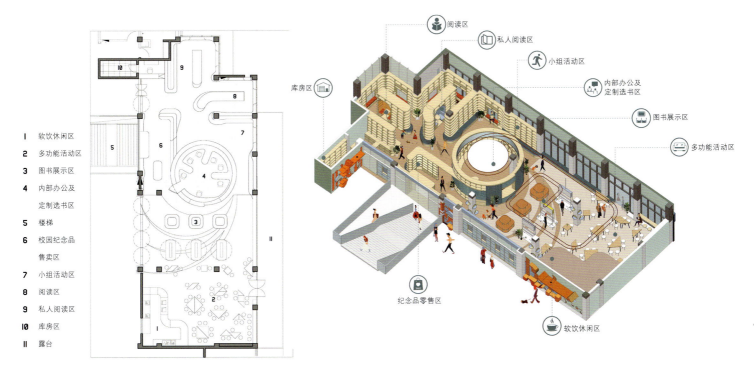

1 软饮休闲区
2 多功能活动区
3 图书展示区
4 内部办公及定制选书区
5 楼梯
6 校园纪念品售卖区
7 小组活动区
8 阅读区
9 私人阅读区
10 库房区
11 露台

架中所生长出的"树洞"一般，给人带来安全和私密的感觉（图6）。相信随着书店使用的深入，多层次的空间（图7）会激发出更多建筑师在设计初始所意想不到的活动，这些人们自发形成的对空间的创造性利用，将促使书店逐渐融入日常生活之中。

三、家具与空间的互动

家具是室内空间构成中的要素，在空间的限定、分隔与使用上都起到了重要的作用，而在与人的关系上，家具是人与空间互动最为直接的媒介，既有助于提升人在空间中的参与性，这也成为了曦潮书店家具设计的出发点之一。

在主入口的处理上，建筑师选择了可旋转书架作为门扇（图8），中央位置设计有海报方便更换，并且通过地锁设计增加了门扇的实用性和安全性。据建筑师范老师介绍，通过旋转，入口可以形成三种状态：日常使用时，可旋转至垂直状态，方便人流进入；有活动及演出进行时，可旋转至斜角状态，防止外部带来的干扰；作为展示面时，可旋转至对称状态，形成一定的空间仪式感和引导性。除此之外，

可旋转书架还被应用于空间的分隔，通过旋转，形成活动区域的开敞与隔离状态，以此适应所举办活动规模的大小。

在活动区桌椅的选择上，书店引入了七巧板的概念，多边形的活动桌根据人数与需求的不同可以自由拼接组合，形成不同的大小与形状，由此所带来的空间感受也时刻发生着变化。在实际使用中，人的行为决定了家具的组成形态，也影响了空间的状态。可变家具的介入使得人、家具与空间三者之间形成了良好的互动关系。

另一种互动关系体现在书店外立面的设计上，建筑师将"曦潮"二字作为logo进行放大，并结合人体工程学，通过局部的凹凸关系形成可供人停留的座椅，与书店外部的公共空间和来往的人流互动（图9）。同时，巨大的亮色logo也作为一种极具吸引力的符号语言，使得书店成为该区域中的视觉焦点。

四、材质的选择与意象的构建

书店的设计在色彩上以原木色为主，并以轻快的黄色与蓝色相点缀，整体形成轻松活泼的空间氛围。在材质的选择上则以木材、钢和白色半透明的轻质PC板作

6 "树洞"空间形成的包裹感
7 阅读区的多层次的空间
8 书店主入口可旋转书架
9 书店外立面LOGO设计
10 书店吧台与活动区空间
11 书店"岛屿"的空间意象
12 书店圆形服务区空间

为主要的材料语言，木材的运用从阅读区的书架一直延伸到地面，并与活动区的桌面、吧台台面和茶饮区墙面的木材材质相呼应，整体上配合灯光形成了温暖的空间基调（图10）。

钢的运用体现在圆形的服务区空间与可旋转书架的骨架部分。在服务区中，白色穿孔钢板不仅仅起到装饰作用，还可以通过孔洞悬挂构件，起到收纳与展示的作用，具有很强的实用性。

PC板作为空间中的透光设计，主要运用于主入口和圆形服务区部分，这种特殊的材质在光线穿越的同时产生了朦胧的视觉效果，使得采光均匀、光线柔和。综合来看，木材的温暖沉稳与钢的强硬冰冷中和，PC板在光线中消隐，起到了调和不同材质的作用，最终三者相互协调，在空间中有机地结合在了一起。

建筑师范老师认为通过家具形态的构成、色彩的选择、材质的运用，以及光线的烘托，可以为前来曦潮书店的人们构建一幅"画卷"，即空间意象。随着在空间中体验的深入，这幅"画卷"也逐渐清晰起来。曲形书架在空间中自由环绕、曲折往复，如同一座座"岛屿"，人们的穿行充满了不确定性，邂逅和偶遇往往在此发生，而随书架蔓延的座椅则为穿行的人们提供了停留的可能（图11）。在这整个过程中，人们总能够与圆形的服务空间发生视线关系，这种联系提醒着人们空间的方向性，也就是整个书店最核心的中央位置（图12）。

五、结语

曦潮书店作为大学社区生活与文化消费结合的一次实践尝试，对于未来实体书店的发展方向具有一定的启示作用。

首先，书店的设计应转变为以读者为先的设计思路。实体书店的发展应避免概念的趋同化，而概念的精准定位需要结合所在区域的具体特征，这需要设计者真正地从人群的特点与阅读需求出发，有针对性地划分和确定功能；

其次，应注重多功能复合。书店应面向人群，将功能细分，通过不同功能间的配合聚集人气，提升活力；

最后，应重视空间体验与意象的塑造。实体书店不仅仅是文化商品消费的场所，更是体现人文关怀与情感需求的空间，因此在设计中应注重读者在空间中的体验，提升人与空间的互动性与参与性。

在信息化的潮流之中，实体书店的生存之道或许还存在着很多的不确定性，但可以确定的是，它们正通过一次次的实践摸索、寻找，在浮沉间建立属于自己的"岛屿"，正如曦潮书店的愿景——"理想、希望和意志"，构建"人文生活常态"。

项目概况：
名称：上海交通大学曦潮书店
类型：建筑、室内
地点：上海交通大学闵行校区
设计单位：思作设计工作室
主创建筑师：范文兵
设计团队完整名单：安康、张雨薇、李璟
业主：上海交通大学曦潮书店
建成状态：建成
设计时间：2017年12月~2018年6月
建设时间：2018年6月~2018年9月
建筑面积：370m²
摄影师：CreatAR Images
分析图协助：HDD上海华都国际所团队

图片来源：
文章中的图片和图纸由主创建筑师范文兵提供

参考文献：
[1]季松.消费时代城市空间的体验式消费[J].建筑与文化,2009(05):68-70.
[2]韩晶.城市消费空间[M].南京：东南大学出版社,2014.

3140m² (其中新建建筑2000m²,待施工改造原有影院1140m²)
混合结构
2014年6月~2015年8月
2015年8月~2018年2月

实录

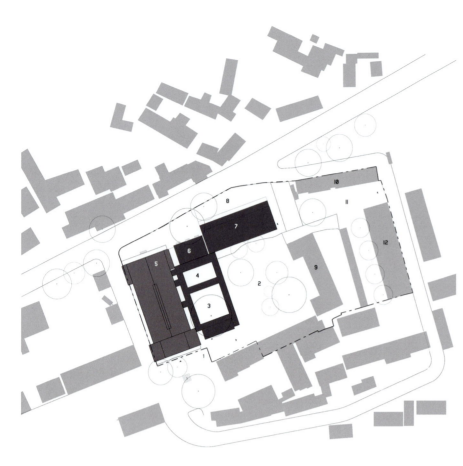

1	庄园入口
2	中心庭院
3	大树庭院
4	下沉庭院
5	影院
6	咖啡厅
7	主体建筑
8	咖啡种植区
9	办公区
10	餐厅
11	后勤区
12	房舍

1　总平面
2　斜坡看向庭院（摄影：陈颢）
3　回廊（摄影：陈颢）

　　新寨咖啡庄园位于云南保山潞江坝——世界著名的小粒咖啡产区之一，场地坐落在高黎贡山下坝湾村中心的一块台地上，向北可以俯瞰潞江坝和怒江峡谷的景观。业主希望在这里通过改造和新建，建造一组集咖啡的储存、加工、品鉴、售卖、酒店客房、咖啡博物馆、礼堂等多种功能为一体的建筑，向来访者提供与高品质咖啡以及与怡人的坝区环境相匹配的旅游度假体验。

　　场地由两组院落构成，其中有许多繁茂的大树，以及一座建于1980年代已经废弃的电影院——一栋灰砖建筑。场地里、村落中及周边的大多数建筑都是砖的建筑，场地附近有一座仍在烧制灰砖的砖窑。这些当地特征，触发了设计师用砖来建造的初始愿望，时至今日，砖砌体仍是当地最主要的建造方式也赋予了采用它的合理性。而砖也引发了拱这一结构形式在建筑中不同方式的呈现。

　　从外部进入场地的方式是迂回的，经历了从进村道路的仰观、爬坡、转折，最后到达位于主街尽端的庄园。进入庄园后，从庭院的内聚到进入主体建筑看到远处风景的豁然开朗，形成了从收到放、先抑后扬的叙事体验。

　　新建筑通过一组回廊与老电影院建筑相连接，形成了三个庭院：中心庭院、大树庭院、下沉庭院，访客到达中心庭院后通过回廊可以联系至各功能区域。新老建筑在场地原有树木的掩映下，与回廊一同形成了多个庭院相串联的格局，建筑自身成为连续院落之后的背景，整体获得一种近似于修道院式的布局。体量最大的影院改造为博物馆，成为类似于教堂的精神中心。

　　正对中心庭院的主体建筑位于台地北侧，与中心庭院有一层高差。设计师将储藏咖啡豆的仓库置于底层，以十字砖拱的形式来营造重质的、包裹感的、幽暗的、具有地窖氛围的空间，厚重的体积同时回应恒温、恒湿的物理要求；中间层的加工区需要大空间烘焙和包装咖啡豆，设计上采用了大跨度钢梁与单向砖拱结合的形式，获得连续的开放空间的同时，将庭院与峡谷的风景引入建筑内部，周圈的走廊则可以供游客参观；而在最顶层，建筑由砖砌体脱胎换骨为混凝土框架形式以获得最大的透明性，满足多间客房俯瞰峡谷景色的需要。建筑从底层至顶层，以从重到轻的空间形式渐变，塑造了每一层不同的场所特质，回应了功能上从储物、生产到观景享受的多样需求。

　　建筑采用了砖和混凝土两种材料，与环境既有联系又有变化。空间形式混合了砌体累叠结构的重与混凝土架构的轻，这一结果当然是对材料、结构、功能等因素综合考虑形成的。设计始于对场地的感知和对材料的思考，而核心则在于其所意图创造的场所特征——归属大地抑或引向远方的地平线。

实录

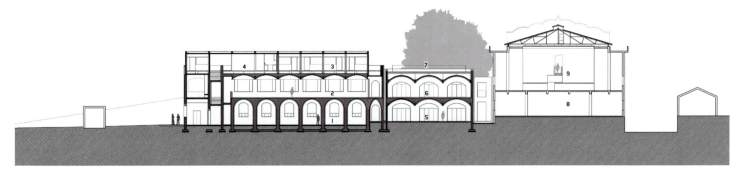

1	咖啡豆储藏室	4	客房	7	屋顶露台
2	咖啡豆加工区	5	底层咖啡厅	8	书屋
3	客厅	6	首层咖啡厅	9	展厅（原舞台）

1		3		
2		4	5	6

1　新建筑与现状电影院剖面
2　下沉庭院（摄影：苏圣亮）
3　三楼客厅（摄影：陈颢）
4　原有保留墙面与主体建筑墙面（摄影：苏圣亮）
5　通往三层楼梯（摄影：苏圣亮）
6　底层仓库北外廊道（摄影：苏圣亮）

实录

| 1 | 3 |
| 2 | 4 |

1　咖啡加工区外廊道（摄影：苏圣亮）
2　十字拱空间外廊道（摄影：苏圣亮）
3　底层咖啡厅（摄影：苏圣亮）
4　底层咖啡厅看向内院（摄影：苏圣亮）

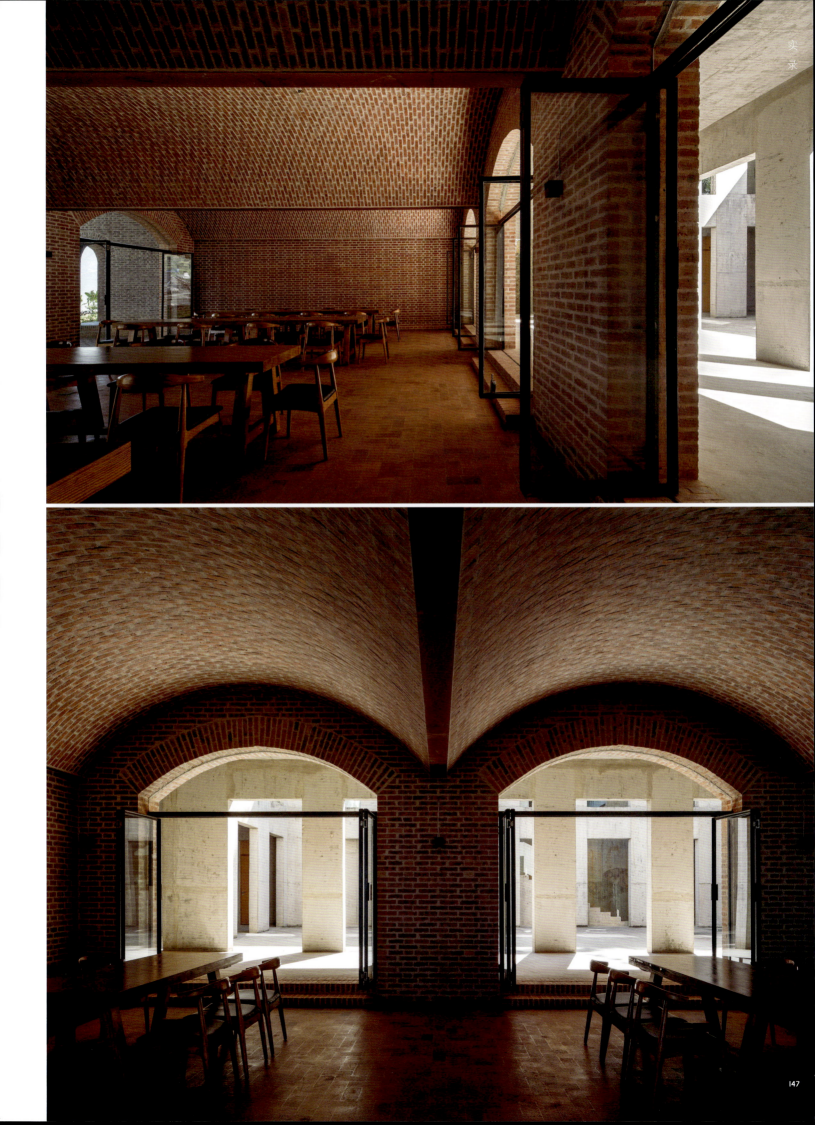

实录

拾云山房
MOUNTAIN HOUSE IN MIST

摄　　影	赵奕龙、陈林
资料提供	时林建筑设计事务所
地　　点	金华武义柳城镇梁家山村
业　　主	宏福旅游集团有限公司
类　　型	乡村书屋
设计单位	时林建筑设计事务所
主持建筑师	陈林
项目建筑师	刘东英
参与建筑师	刘东英、杨世强、简雪莲
建筑面积	156m²
设计时间	2016年12月~2017年8月
建造时间	2017年10月~2018年6月

1 建筑与场地的高差处理
2 鸟瞰书屋

南边多山，山有深林。

拾云山房位于浙江省金华武义县一处山林古村之中，村子保留了完整的夯土民居面貌，村中建筑依山势高差而建，群山环绕，村口处尚存几颗繁茂的古树，已上百年。书屋坐落于村口广场不远处，旁边是保留完好的夯土三合院民居，场地原址有一个牛栏房，坍塌后被拆除。

建造书屋，是为了给古村提供一个阅读的空间，一个让人静下心的地方，从而吸引更多的年轻人和小孩子回到山里；也希望能够创造出一个丰富而安静的场所，让小孩子和老人都能在这座建筑中里感受到自由和快乐。

让空间与乡村友好

把书屋的一部分空间留给村民，是我们设计初始阶段就有的想法，也是一种直觉性的感受。在书屋的首层做一个架空的半室外开放空间，用十根结构柱架空整个书屋首层，实体空间都设定在二层，两个空间通过一部室外楼梯进行连接。只在首层局部设置了一个小水吧，可以提供水饮，其他的空间完全公共开放，山里的村民们可以在此喝茶聊天，小孩们也可以在这个空间玩耍打闹，用这个开放空间把各种活动的可能性都串联起来。

同时站在场地关系的角度思考，书屋用地处于一个三角地带，南侧是该村落的主要步行干道，北侧有一堵3m高的石坎墙，石坎墙上面是一片儿童戏玩区，在设计策略上抬高书屋的实体空间部分，让建筑体首层与道路之间形成空间的退让，路上的行人也可以随时到书屋下休息。而书屋的二层则和儿童戏玩区在同一空间层面上，这样的处理，一方面便于儿童进入书屋看书或者在儿童区玩耍，另一方面，方便父母在书屋里阅读的同时能关注到孩子。无论是站在场地属性的角度还是站在对乡村生活理解的角度，在乡村设计建筑，我们希望建筑与村民、与乡村环境都能保持一种最友好的状态。

天井与时间性

天井作为空间核心被安放在书屋中，尺度怡人，在首层天井底部下方留出一片水面，下雨时，雨水从天井落入书屋水池，在书屋就可以听到滴滴答答的声音；晴天时，阳光可以直接照射进来，形成独特的光影效果。之所以在很小的书屋里去营造一个天井，也是为了让这个小房子能与自

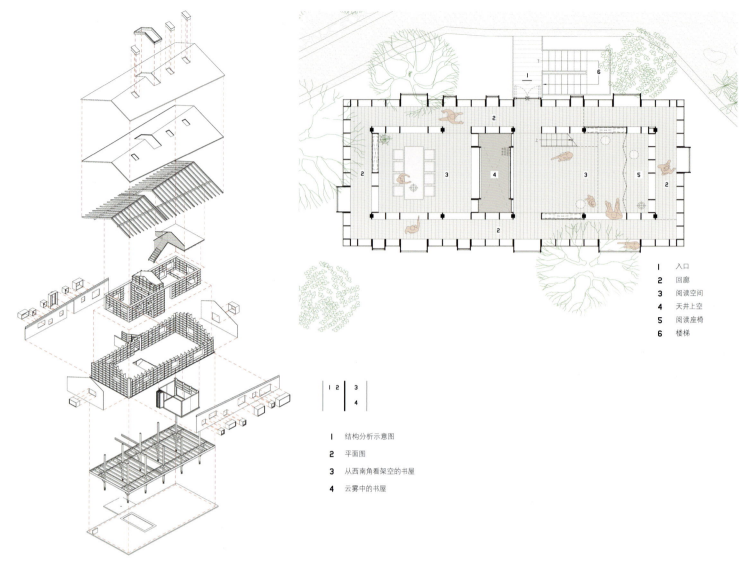

1 结构分析示意图
2 平面图
3 从西南角看架空的书屋
4 云雾中的书屋

1 入口
2 回廊
3 阅读空间
4 天井上空
5 阅读座椅
6 楼梯

然、时间、空间产生更多的关联性，这可能就是一种我所认为的时间性。

天井空间的设置，就是在等某个特定的时间——阳光洒进来，形成一道光影；雨水落入水院，产生一点涟漪；空气流进来，感受一缕微风。在这样的时刻，天井被设定为一个等待此时间点的特殊意义空间。我所理解的乡村建筑的精髓，是一种人与空间、人与自然、人与时间和谐共处的状态。阳光、雨水、空气都可以通过天井被纳入室内空间。

回廊与交流

在书屋二层设计了两圈回字形的书架，书架围绕天井和中间的阅读空间形成一个回廊，约1m的宽度，尺度舒服，由首层结构架空悬挑而出。通过这样一个回廊，让人游走在其中，能产生类似园林游走的体验；同时，回字形书架上根据书架的模数尺寸，打开了很多洞口，它们高低错落、大小不一，让视线穿透，空气流动。

读者漫游于回廊时，视线和空间通过洞口突然被打开，空间的边界便消隐了。当人站在洞口的另一边，透过窗口，不但能看到坐在窗台上看书的人，还能看到更远的窗外，远处的山林和大树。通过屋内层层递进的透视感能产生空间与人、与环境的交流和对话。

实验性的尝试

实验性是我们一直在坚持的建筑设计研究方法，在书屋的设计中，我们做了两个实验，一个是形态类型上的实验，一个是材料运用上的实验。

形态类型上，把书屋实体空间部分抬高，实体部分延续当地民居的双坡屋顶形式和坡度，以及传统的屋面顺水做法和小青瓦的铺设，却在屋顶的屋脊上做了微小的设计动作，让屋脊的角度做了6.5°小偏转。使书屋的屋顶形态发生一点微妙的形态变化，屋顶的檐口一高一低，室内屋顶的倾斜结合均质书架的空间，让空间发生变化。

材料运用上，书屋的书架选择3cm厚的松木板模数化布置，用统一的模数尺度语言控制，书架的竖档和屋顶的结构梁用材一一对应，形成整体的语言逻辑体系。在外立面上，采用乡村比较少见的阳光板，让整个房子变成了一种半透明的状态，室内的光线透过阳光板变得很温和，给书屋室内形成一种舒适的阅读环境，同时，半透明的材料可让室内的人对室外景观产生一种若隐若现的朦胧美，实现一种半通透性的空间感受和氛围的目的。

乡村对于很多建筑师来说是一个陌生的领域，很多建筑师也逐渐参与到乡村中不断做尝试。我们也是一样，抱着探索和融合的心态，以建筑师的身份尝试介入乡村，很多时候，设计的灵感不仅只来自建筑师的直觉判断，而且需要根植于乡村本身，让在地性与创造性很好地结合。其实乡村没有标准，没有固定法则，没有唯一性，好坏只能让乡村自身来判断，我希望这会是一个好的开始。

实录

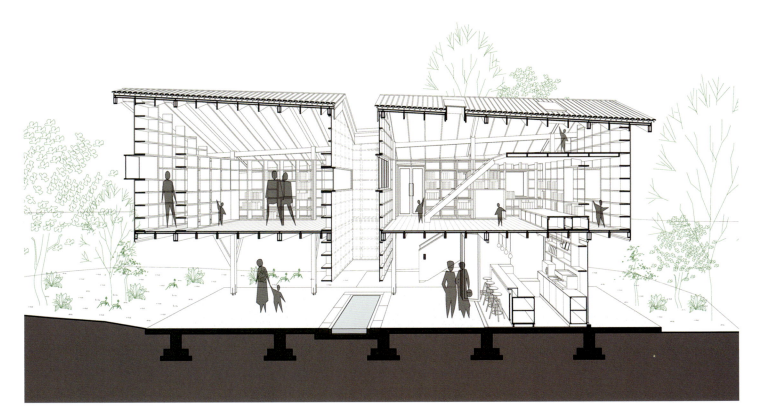

| 1 | 3 |
| 2 | 4 |

1　村民在书屋首层喝茶聊天场景
2.4　书屋首层与村道的关系
3　剖透视

1	
2	3	4

1　入口与上夹层的楼梯
2　与阅读状态相结合的书架
3　书架回廊
4　阅读空间

实录

实录

湿地中的红砖之塔
TOWER OF BRICKS

摄　　影	值更
资料提供	空格建筑

地　　点	河北省衡水植物园
设计单位	空格建筑
主持建筑师	高亦陶、顾云端
团　　队	高亦陶、顾云端、岳泽兴、胡仙梅、陈璟、黄晋
建设单位	衡水植物园
施工图合作	北京东方利禾景观设计有限公司、北京新纪元建筑工程设计有限公司
建筑面积	2065m²
竣工时间	2018年

实 录

1 建筑外观
2 细部
3 庭院空间
4 总平面
5.6 改造前场地

衡水湖湿地公园与衡水市区之间，曾经有一块芦苇丛生的洼地，多年来周边工厂的排污令这里的水质和土壤环境受到严重损害。作为旷野中唯一的建筑，砖窑高耸的烟囱极有辨识性。随着国家保护耕地、禁用实心黏土砖的政策，这类曾经遍布城乡的霍夫曼窑，瞬间退出历史舞台。这座砖窑也荒废下来，成为无主之物，逐渐坍塌。人的记忆敌不过城市发展速度，要不了几年，大家就会以为这里从来都是衡水植物园。这种与过去完全告别的方式不免有些可惜。所以即使结构的安全鉴定是"拆除"，我们还是希望能够通过新的建造串联场地的过去和现在，为这里留下些历史的痕迹。

重建≠复制

业主计划在砖窑的旧址上修建一个花房艺术中心，主要用来展示花卉盆栽。从空间上，它需要完成从内向的生产建筑（砖窑）到外向的展览建筑之间的转化。通过对砖窑空间意向的保留，形成砖窑所代表的过去与花房之间的内在联系。其中观景塔保留了大烟囱的符号性，形成一个具体的记忆点。从可达性上，也能让人"爬上烟囱看一看"。

空间从内向到外向的转化

砖窑是一个外人禁入的生产性建筑，外廊是烧制砖坯的隧廊，中心是封闭的烟道。花房艺术中心从平面参考了霍夫曼窑，由环形拱廊包围中间内院的形式组成一个回字形平面。花房艺术中心面向公众开放，有科普展示功能。公共性在几个层面体现：通过打断外圈的拱廊打开内院，形成半开放的小广场。这些小广场将内院与周边环境联系在一起，内部与外部、景观与建筑的边界被模糊化。这些院落形成观景塔入口的同时，也是游客快速穿越建筑的路径。裙房的屋面被设计成一个向公众开放的屋顶花园，提供一个非常规的游览角度。南北两端的餐厅和厨房之间设置院落，既满足功能分区也增加采光。

环形拱廊与陈列空间的重合

规则排布的出入口使得光影形成规则的空间序列。设计将这种序列提取出来，形成一个个花卉盆栽展厅，关于空间与光影的记忆同时被记录下来。序列性的拱廊一方面在空间上对老砖窑环形外廊产生关联，一方面把展廊切割分段，定义了一个个相互连接的展厅空间。

从烟囱到塔

很多人应该都有过爬上烟囱看看的想法。将砖窑最具符号性的烟囱部分转换为观景塔，可以算是达成了很多人一直以来的心愿。人们可以选择电梯，也可以步行，登到塔顶。观景塔的四个方向在不同高度设有平台，给爬到不同高度的人提供不同的观景体验。

从材料到光影

黏土砖出于环保原因已经不可使用。原本建筑的红砖也早已风化，失去承载力。但面砖和劈开砖在颜色质感上都是无法接受的，这类砖也无法满足镂空的拼花要求。经过无数轮筛选，终于找到一种与黏土砖颜色、尺寸、比例都极为接近的的页岩砖，作为回应场地历史记忆的物质媒介。

裙房部分的庭院空间采用镂空砌筑方式，暗示着庭院空间的公共性。红砖材料的通透性打破砖墙的沉重感，给人通透、公共的心理感知。红砖立面采用了不同砌筑方法，控制质感的同时，形成不同开孔率。用建构的方式控制光影，空间的丰富性和趣味性都得到加强。观景塔上砖的镂空效果增加了内部楼梯间的采光、减弱塔楼的封闭性，在早晚太阳高度角比较低的时候，光线投影在墙上形成戏剧性的效果。

伴随着植物园建设和整体的环境治理，水质从浑浊到清澈，洼地转身成为湿地。植物园里的维护人员几乎都是周边村民，问路时，他们也许不知道花房艺术中心在哪里，但都能准确告诉你，"窑"在什么地方。END

实录

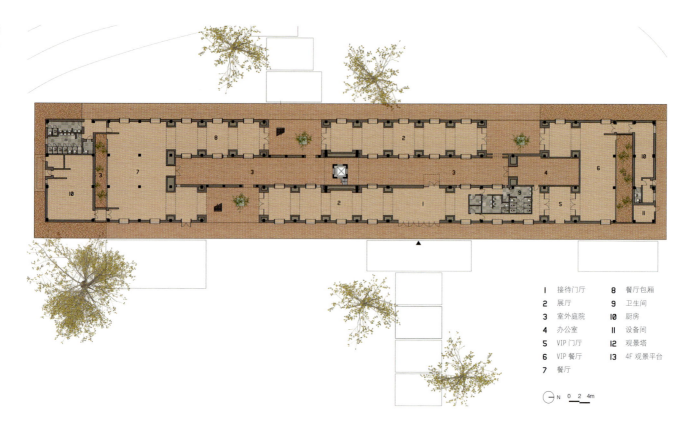

1	接待门厅	8	餐厅包厢
2	展厅	9	卫生间
3	室外庭院	10	厨房
4	办公室	11	设备间
5	VIP门厅	12	观景塔
6	VIP餐厅	13	4F观景平台
7	餐厅		

1　一层平面
2.3　建筑外观
4　庭院空间

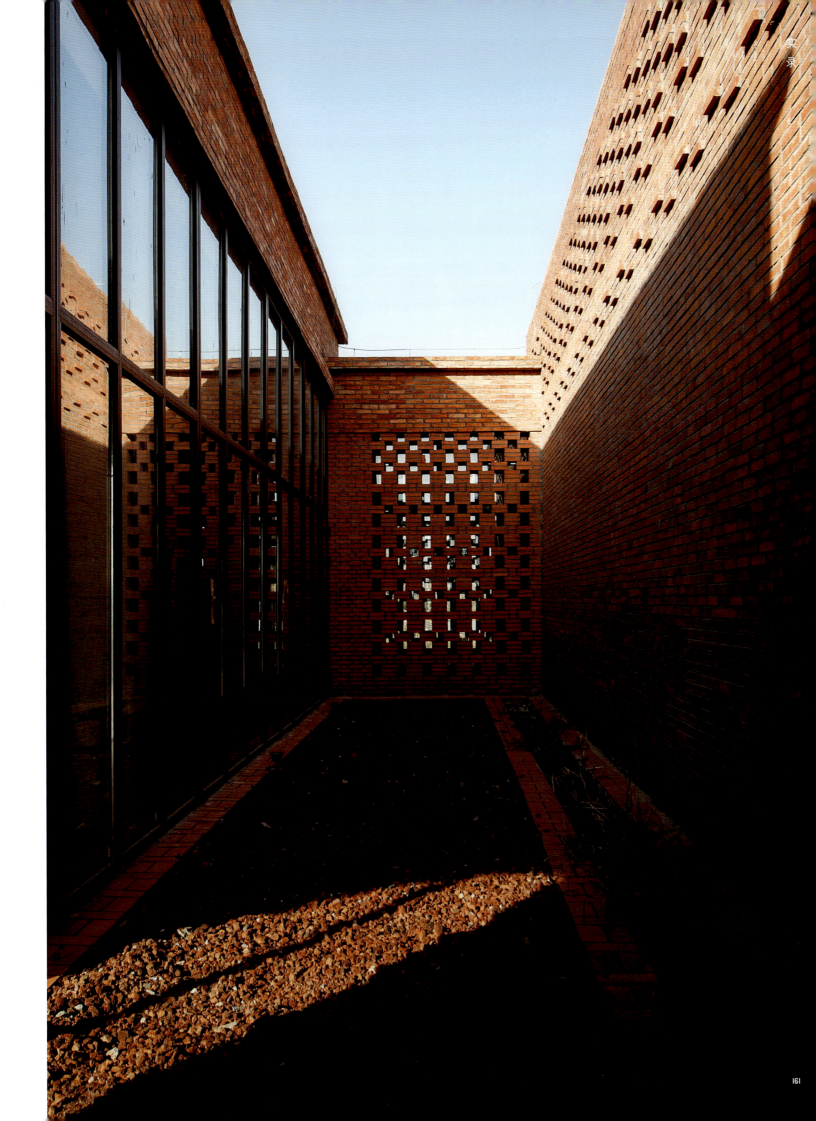

实录

1.5 环形拱廊
2 光与庭院
3.4 细节

实录

廷泰茶空间
TINGTAI TEAHOUSE

摄影 | Dirk Weiblen
资料提供 | Linehouse（联图）

地点 | 上海市莫干山路50号M50创意园3号楼103室
设计 | Linehouse（联图）
面积 | 450m²
竣工年份 | 2018年

实录

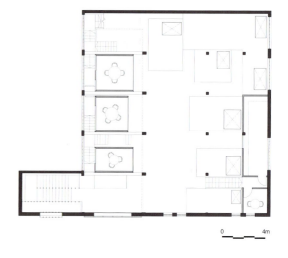

1　茶室为上下结构
2.3　平面图
4　楼上茶室顶部起伏变化
5　茶室外部是深色不锈钢，可以朦胧映衬出周边的环境

廷泰茶空间位于上海莫干山路的M50创意园区，园区的前身是一个老式工厂。客户是一位懂茶爱茶的人士，希望打造一间兼具现代特色与传统的中式茶空间。空间由多个茶室构成，三五好友落座闲聊，天南地北，观茶品茶。几个小时里，茶客得以欣赏茶艺，闻茶香，观茶色，品味每一轮泡制后口感的变化。

设计师将空间剥离至原始状态，暴露出金属质感的钢筋结构，让旧砖墙和顶棚重见天日。同时，拆去夹层，将层高打通至原有的两倍，并新增了一排高侧窗。

茶室是上下层的结构。楼上的茶室顶部起伏变化，两侧的落地玻璃窗保持了开阔的视野，顶部一隅的玻璃天窗，可以更好地引进自然光。茶室的外部是深色不锈钢，可以朦胧映衬出周边的环境。茶室的下部则是全透明玻璃。

设计师选用了绿色水磨石地面，来客可以倚桌盘腿席地而坐，亦可把脚放到桌下休憩。内饰选用了烟熏橡木，营造简约温暖的氛围。四面玻璃墙高度颇有讲究，保证私密性的同时，确保茶屋内外空间依然浑然一体，不至于孤立隔绝。核心区域是一个活动空间，日常用于插花表演或举办展览。

茶空间的外立面由精致的绿色金属框架包裹镶嵌乳白色水磨石打造，进入茶空间要沿着水磨石和绿色金属架构楼梯拾级向上，墙面也采用了同样的水磨石材质。

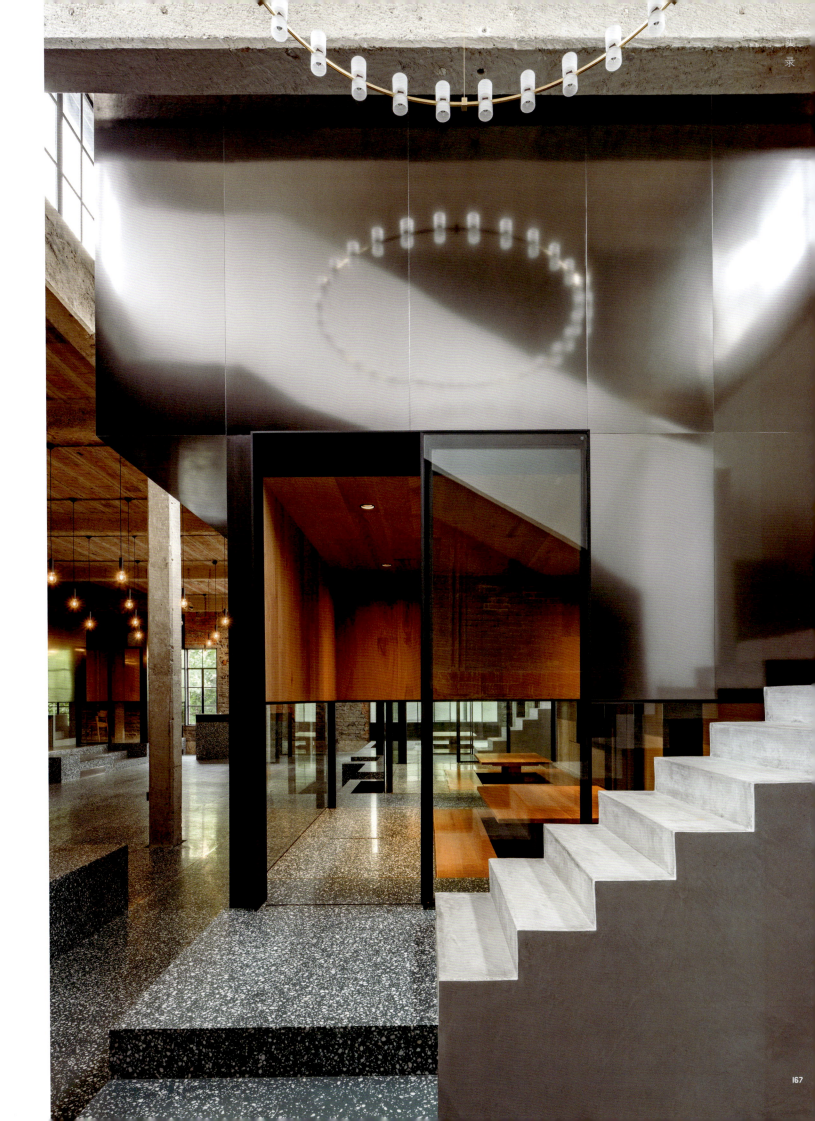

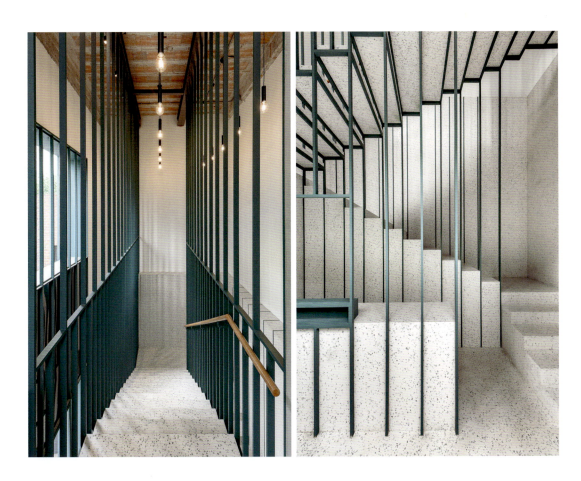

1 茶室外立面
2 设计师将空间剥离至原始状态
3.4 绿色金属架构楼梯

实录

湿地旁的禅修馆
MEDITATION HALL

| 资料提供 | 丘建筑设计事务所 |

地　　点	河北省沧州南大港，碧桂园凤凰生态城
业　　主	碧桂园凤凰生态城
建筑设计	丘建筑设计事务所
主持建筑师	于岛、程博、李博
项目负责人	叶力舟
驻场建筑师	于岛、叶力舟
项目成员	叶力舟、李然、李张君
施工图绘制	叶力舟、于岛
照明顾问	庞磊
服装设计	孙涵
摄影及视频	朱思宇、程博、孙中维、李博、叶力舟、于岛、王丹
结　　构	钢结构
材　　料	木饰面、黄铜、不锈钢、硅藻泥、砂砾
设计周期	2017年12月~2018年3月
施工周期	2018年4月~2018年6月

1 水院回望
2 水院中可感知到柔和的自然光源
3 剖面草图

在沧州郊区，有一片位于自然湿地旁的新建居住社区。业主希望将社区内几间底层商铺从毛胚状态改造为一处禅修馆，定期举办冥想、瑜伽、花艺和焚香等课程活动，让社区的住户得以从忙碌的日常生活节奏中抽离，放松，观想。

虽然社区毗邻一片珍贵的湿地自然保护区，但住区与湿地被公路分隔，而禅修馆的选址位于社区内部最商业的街面上，并面向园区中的一处"人造"景观。这一空间分配上的错位和矛盾成为了项目立题的起点。

商业街连续的单层商铺体量，为后侧的二层住户提供了开敞的屋顶露台。在六间打通的商铺里，柱梁线性排列开来。在平面的组织上，我们将容纳不同观想行为的房间，作为分割空间的基本单元。弥散分布的体量，将空间划分成不感知原结构的，连续但迂回的"外部"公共空间（走廊与水院）、暴露原结构的以及独立而静态的"内部"观想空间（课室）。

在"内部世界"，每个房间根据各自不同的尺度和性格，分别对应门厅、等候室和更衣间、主课室和小课室以及洗手间等基本使用功能；而在"外部世界"，抵达课室前迂回的线性路途，是经由身体至心理的前奏铺垫。

围绕"内外"展开的基本空间形制，得以通过平面的组织建立，而剖面的动作，意在配合平面的意图，进一步刻画"内外"空间性格的差异。一片贯穿"内外"的水景，将水院的光线经由水平缝隙反射进来。课室中，四根混凝土立柱从水中升起，轻质的木构容器浮于水面，整个禅修馆，是一处关于湿地上考古遗址的类比，营造出一片观想中的"湿地"景观。

空间的组织围绕如何营造内向的世界而展开。在外立面上，我们拿掉老的门窗，在原结构的柱跨间置入一套用不锈钢建造的金属窗套。窗套整合了容纳空调室外机的凹槽，以及面向商业街的种植池，与原有建筑主体的框架脱离开来。

由明亮嘈杂的商业街进入室内起，直至到达水院再次感知到柔和的自然光源，眼睛已经过光线由明至暗，再提亮的梯度调试，配合水院两侧界面的语言调动，身体在感官上进入了一处被内化的"室外"空间。

每个容器与柱梁位置关系的不同，也赋予房间不同的性格，适配相应发生的观想行为：在可以容纳多人的主课室里，四组柱梁序列赋予空间"大殿"般的性格；围合课室空间的墙壁，是由轻钢龙骨和轻质木构建造的双层腔体。腔体内侧倾斜，外侧直立，内外界面通过水平檐口构件，收束在飘离地面的高度。腔体内侧水平向的木百叶层层悬挂下来，配合房间中立柱"支撑"和横梁"出挑"的姿态，整个课室仿若"容器"，被粗壮的柱梁"撑起"，飘离于地面，包裹着观想的身体。END

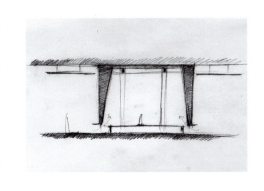

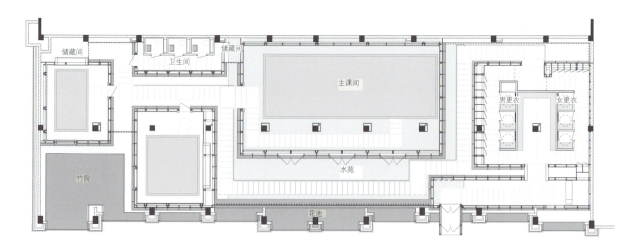

|1|3|
|2|4 5|

1　一层平面
2　小课室里的单组柱梁，成为观想者独处时身体的陪伴
3　主课室
4　隧道般的入口
5　青石板铺设的步道循序地带领客人走进等待室

实录

实录

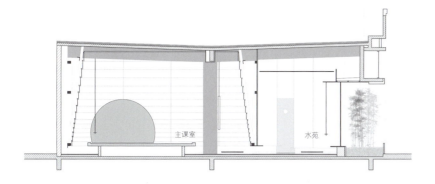

1 走廊看向水院
2 剖面图
3 围绕柱梁布置的等候室

21gram咖啡馆
21 GRAM COFFEE

撰　　文	石磊
摄　　影	林永晨
资料提供	所在（厦门）建筑设计咨询有限公司
地　　点	福建省厦门市思明区禾祥西路2-116
建 筑 师	所在设计研究社（Atelier SooTsai）
客　　户	21gram coffee
主创建筑师	石磊
设计团队	石磊、林婉惜
建造团队	乐师傅
石材供应/制作	黄裕辉
LOGO制作	吴凯华
灯体膜制作	罗永红
材　　料	瓷砖、外墙涂料、大理石卡拉拉白、免漆生态板、钛金板、冷弯折钛金板U型槽、水泥压光、红橡木原木木材、玻璃、型钢烤漆拉手、水泥纤维板、LED灯带、射灯、灯体膜
建筑面积	50m²
结构顾问	肖祖辉
竣工时间	2017年

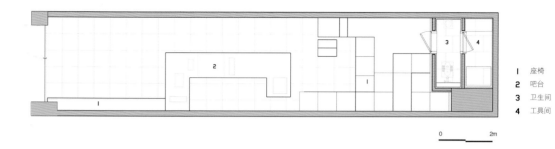

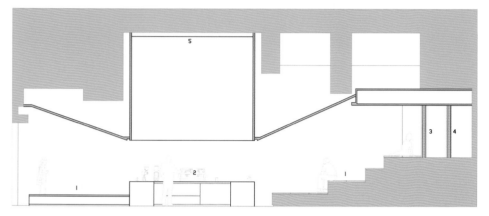

1 一层平面
2 剖面图
3 "天光"引入室内空间
4 台阶式座位

2017年国庆之前，所在设计研究社接受21gram coffee的委托，担任其在厦门禾祥西路思明北路口新店的室内设计及沿街立面设计。

设计从一开始就艰难重重，不仅在于面宽小进深大不利于咖啡馆营业的空间条件，更有开发商不顾底层店面使用性能而产生的剖面上结构和空间的混乱。

对于这个案子，所在设计研究社所希望达成的不单是一个设计的完成，在这样的一个实际项目中，建造和设计的关系，使用者和空间的关系都是将要检验设计成功与否的直观体验。但是在这两个方面以外，更存在着关于原有空间结构、建筑结构也就是现场条件和接下去设计将会产生的特定联系、建筑师针对甲方的经营要求做出的下一步的决定，以及在建造的过程中对设计的现场的调整。这一切设计及建造的关联，同整个实施的结果一并成就了这个设计案的整体价值，虽然最终设计的结果并未产生具有颠覆性的形式革新或者对材料的突破性使用，通过这次的文字来记录这个"设计+建造+使用"的过程，或多或少对设计本身就具有很强的意义。

所有的设计案都是以甲方的需求与建造的场地两个最重要的元素为开端的，我们将整个"设计+建造+使用"分解成几个关键词，这些关键词之间有的平行独立，有的交织在一起，最后每一个关键词所代表的部分互相关联整合在一起，形成了最后的公共体验。这些关键词如下：咖啡中心性、混乱的梁、光、坐法、身体性、建造的非精确性、材料的交接。

咖啡中心性

首先21gram coffee在厦门是一家非常有品质的咖啡馆，21对外宣称自己是做饮料的，但是这也不能掩盖他们对咖啡的一颗认真的心。甲方对这个咖啡馆的第一位要求便是咖啡师作为这个空间表演的中心。而利用空间要表达这样的主题也具有很多的手段，空间对称、中线、空间的几何中心方位、视觉的焦点位置等空间规划的方式都可以实现，这就需要找到这个空间本身的特征来决定利用哪一种手段来完成咖啡中心性的甲方需求。

混乱的梁与光

建筑结构的混乱造就了空间的机遇，开发商为了最大限度地展开低层商铺的使

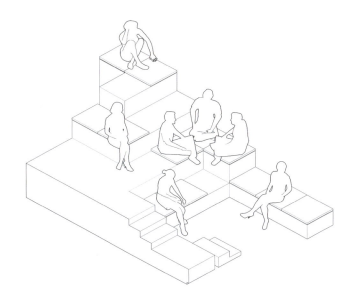

1.2 台阶式座位
3 概念方案草图
4.5 台阶式座位细部

用面积，通过加强的结构层来实现这一目的，这导致在商业空间的顶棚上出现了大大小小的结构梁，这些梁因为实际的结构计算要求产生了不同高度的分布。这让空间的横向剖面和纵向剖面都形成了混乱的景象。

横向的梁框限定了空间在入口以及进深深处较矮，为4m，而中部空间则高达6m的空间特征，纵向还有一根大梁，又将中部6m的空间高度切分开。因为中部的高耸空间，顶棚的结构混乱场景赋予了这个商业空间的中心性，这正是我们所期待的，在一个空间当中找到其本体精神，将这个精神带入，从而赋予商业空间应该具有的场所感。

然而纵向的大梁对这个高耸的空间的破坏性显而易见，设计团队利用一道巨大的斜墙体将其遮蔽，6m高耸空间的顶部使用灯带和灯体膜，打造了一道天光，从这道斜墙上倾泻而下，而其下部便是空间的中心，以咖啡师的吧台作为表演的舞台。

为了加强中心的"高耸"，设计团队设计将高耸空间的边缘压低至2.4m，形成从入口下降，再从吧台的边缘往进深深处抬高的空间走势。为了打造一种与人的感知产生若即若离的微妙感觉，2.4m是设计团队所确认的尺寸。这也是设计团队与甲方争论最激烈的部分，甲方认为2.4m的空间太过于低矮，会显得整个空间不够大气，从而希望将这个尺寸抬高至3m，最终这个尺寸被妥协至2.7m，而设计团队认为，这个高度尺寸超过了2.4m之后，人们在穿过这一个2.4m高的"点"的时刻，无法感知到既能在视觉的余光中感觉到这个"点"同时又触摸不到的心理图景，这一次妥协算是这个咖啡馆当中最遗憾的一个事件。

坐法与身体性

甲方一再强调其希望有一个不同的顾客体验方式，比如他们如何坐在咖啡馆里喝咖啡，并且多次和设计团队分享其他的咖啡馆里的台阶式的座位。于是，在空间的进深深处，从2.7m慢慢抬升的吊顶形成的高度逐渐升高的空间，与台阶式的座位相互映衬，似乎在回应剧场空间，让咖啡师处于中心之后的操作更像是一场完美的演出。

同时，不同的坐姿方式也在设计的考虑当中，我们希望这样的一个抬升的体量可以将不同的坐法实现——窝在角落的熟睡、膝盖靠在一起的闺蜜、一字排开的孤独者等等。

建造的非精确性与材料的交接

因为建造团队的非专业，不同材料的交接都使用了通缝或者利用其他材料交接的方式来避免施工的不精确，这样的手法不仅将工艺会造成的损失降到最低，同时也在一定程度上保证了建筑空间的精致度。

实录

伴山面馆
BANSHAN NOODLE RESTAURANT

摄　　影	Ingallery
资料提供	合肥许建国建筑室内装饰设计有限公司

地　　点	安徽合肥蜀山半边街
设计公司	合肥许建国建筑室内装饰设计有限公司
主案设计	许建国
竣工时间	2017年

1 一层开放就餐
2 二层入口

是亲情让我们觉得食物仿佛有了记忆。和重要的人一起,哪怕是一碗简单的面条,也能品尝出万千味道,食物最终带来的是陪伴。

——许建国

合肥蜀山脚下的半边街经设计师许建国改造后,已然成为合肥最活跃的"网红"街区之一。这一条原生态文化街区自成为蜀山森林公园会客厅以来,备受广大市民喜爱,络绎不绝的原住民、游客能够在这里通过一条街认识这座城市,寻找内心深处泛起的层层思乡涟漪。而在半边街区的改造过程中,设计师怀着对过往生活的情感执念,在半边街中心段人流熙攘的位置设计了一家面馆。面馆的原建筑在半边街施工阶段已由原建筑单位建好,入户台阶设置的不合理导致整个店铺位置处于一排建筑的凹处,没有很好的入户空间,由于建筑本身的局限,设计师将建筑本身遗留的限制转化为契机,将场地现有的建筑条件转译为新的建筑构成。

基地原有建筑只有一层,空间垂直向上为人字型顶部,整体空间趋于方正感。在充分利用垂直空间增加二层之余,又利用建筑独特的人字形顶增加了一个夹层作为休闲空间。空间设计运用黑色材质与墙面斑驳的水泥质感强调空间的利落性与现代性。通过减少空间的装饰堆砌,保留材料的原生性设计手法,利用钢板与水泥之间的碰撞延伸空间,使上下空间融为一体,整体建筑和谐统一,干净利索,富有现代感。另一方面,通过钢板在原有建筑外立面增加一部分结构,建筑外檐的处理,不仅解决了原有建筑的不足之处,还使得面馆室内空间扩大,无形中多出一部分休闲空间,可供人们停留、小憩。

面馆入户楼梯的处理手法运用登山的隐喻表达,参差不齐的台阶更像登山脚下的凹凸不平,台阶中栽种的一棵老树仿佛人们在攀登途中遇到的自然风景。建筑外立面运用了很多玻璃材质的处理手法,保留了通透性,熙熙攘攘的人群可以透过绿色植物掩映下的玻璃窗,隐隐约约看见室内温暖柔和的灯光。哪怕夜色正浓,走进去,趁热吃一碗面,在安详的环境中稍作休息,继续脚下的路。

室内的每一层空间划分都进行过严谨而合理的推敲,承担不同的功能。一层空间主要功能为后厨及开放性就餐空间,二层主要功能为有需求的顾客提供包厢就餐区域,三层作为二层延伸出来的夹层,为休闲空间。

一层开放性就餐空间围绕面馆后厨位置划分为两个区域,入户进来一眼望见的便是通透性强烈的吧台区,食物的制作过程一目了然,水磨石特制的长条形餐桌打破了人与人之间的距离感,营造出轻松惬意的就餐环境。二层作为包厢空间,通过设置隔门等手段进行空间过渡,建立了私密性。仅有的两个包厢功能较为灵动,既可以作为整体大包厢使用,又可以分离出两个不同的独立区域。设计师在设计之初,考虑到不同需求使用者之间的人性化,在大包厢区域处设计了一面电视墙,配以一条长形桌,人们可以在这里进行简单的会议讨论、接待等活动。钢板与水泥之间的融合,搭配营造出整个面馆空间体系的灰黑色质感,亲切柔和的木制家具在暖黄的灯光氛围烘托下,刚柔并济凸显出空间的记忆性。三层作为休闲空间,温暖宜人的灯光搭配木制家具,音箱中缓缓流出舒缓高雅的音乐,壁炉里升起袅袅的火苗,人们可以在像家一样的静谧氛围中进行沟通洽谈、聊天。

设计师通过伴山面馆表达出对味蕾的尊重,它是可食的记忆。期望来往的人们,来伴山面馆坐坐,在喧嚣的城市生活背后享受一份宁静。 END

实录

| 1 | 4 |
| 2 3 | 5 |

1　二层包厢区
2-5　一层开放性就餐空间

| 1 | 3 | 4 |
| 2 | 5 | |

1　二层包厢区
2　二层吧台区
3　二层包厢过渡区
4　二层到三层台阶处理
5　二层包厢区

荷木品牌总部
HEMU HEADQUARTERS

摄　　影	朱恩龙
资料提供	亿端国际设计（上海）有限公司
地　　点	上海市嘉定区沙霞路78号
室内设计	亿端国际设计（上海）有限公司
创意总监	徐旭俊
设计团队	徐旭伟、张强龙、马后龙
项目面积	1500m²
竣工时间	2018年4月

1 转角
2 外立面与庭院夜景
3 庭院水景

　　荷木 HEMU 设计总部座落于上海嘉定，这是一座建于 20 世纪六七十年代的老院子，系四百多年历史的汇龙潭公园的附属建筑。整体为两层砖木主体结构，青砖苔瓦，门拱交错，整座园子百年古树环绕，应奎山上铜铃叮当作响，极目望去，树木碧绿苍翠，层层叠叠，鸟语花香，身临其境，美好至极。

　　设计以东方元素及人文情怀为基点，秉承原创，一步一景。空间曲径通幽，一层为展厅与前台，二层为办公与接待，打造一处自然与品牌和谐的美好空间。空间包括衣、茶、香、器、书，及茶咖区，一衣一世界，一叶一菩提，赏衣品茶，闻香读书，虽人世沧桑，唯愿我心始于善、止于美。用大繁至简的设计、天然的材质，愿衣与人，自然环境和谐共存。

　　整个院子分南院、北院、东院三个院子，外观建筑作了大尺度框窗设计处理，既大气整体，又富有现代感，与古典中式风格建筑形成反差对比。特别是入口处，运用一处静水池的流水设计和中式隔断墙的廊道处理，使得进入大门的动线别有情趣，同时，这样的景观与建筑的相互关系有了过渡。进入室内，门厅接待使用超长的整木作台面，与空中悬吊的两块大长布形成有效的呼应，颠覆了传统的前台背景模式。进入展示空间则另有一种意境，过道用抬高桥架的方式连接，桥两侧以白色小石子点缀，给空间带来了一股淡淡禅意韵味。

　　无论展示还是办公，均采用矮台坐垫的休闲方式，让空间高度形成一种敬畏感，尤其在二楼，老木材料大量的运用与墙面素水泥交相呼应，整个气质散发出安静、朴素的意味，与服装品牌文化内涵契合。后院更是中式古典气质的浓缩，晚上沙龙 T 台的展示，配上淡淡禅音，更将空间演绎推向高潮。END

1 过道
2 素食餐区
3 走廊端景

实录

1、4-6 展厅
2 洗手间
3 过道

实录

玑遇SPA
JIYU SPA

摄影	张静
资料提供	上海黑泡泡建筑装饰设计工程有限公司

地点	江苏丹阳
设计公司	上海黑泡泡建筑装饰设计工程有限公司
主创设计	孙天文
协作设计	刘栋、曹鑫第
灯光设计	孙天文、曹鑫第、刘栋
参与设计	徐达才、高颖、张德杰、李江、王飞
软装陈设	lorna Fu
主要材料	玻璃、木饰面
灯具选型	王毅
项目面积	2000m²
竣工时间	2019年1月

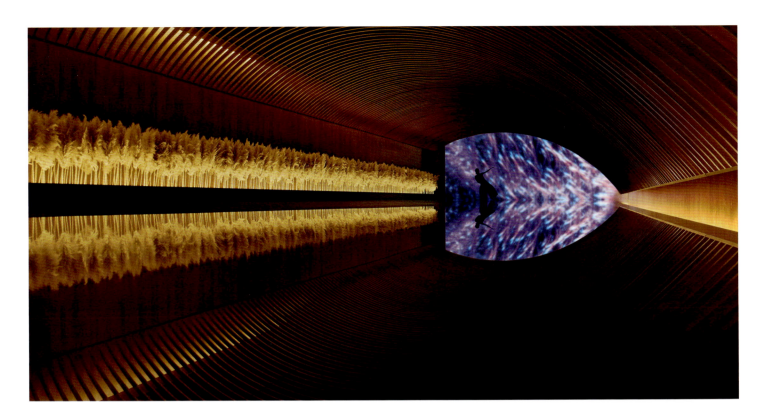

	2
1	3
	4

1　音颂
2　序厅
3　旋转楼梯
4　展示区

这个世界真的还需要再多一间 spa 吗？
真的还需要再多一次亦步亦趋的体验吗？
趋同的世界还要继续迁就那些先入为主的观念吗？
我们不应该延伸一下设计领域，
挑战一下那些广为接受的准则吗？
我想我们应该做点什么了！
我们来造一场梦吧，
一个浪漫的、诗意的、奇幻的梦！

弗洛伊德认为，"体验是一种瞬间的幻想：是对过去的回忆——对过去曾经实现的东西的追忆，也是对现在的感受——先前储存下来的意象显现。"

大尺度的画面平静地包裹初入空间的访客，由看得见的世界所唤起的感觉和图像再现生活中可能被掩盖或忽略的美，使人们以特定的态度或特殊的角度，去重新发现、凝视并感受生活。

"感觉"这个看似轻描淡写、稀松平常的词语实则是贯穿始终的关键。传达的都是一种引起"共鸣"的愿望。"共鸣是我探听这个世界的雷达。"于是，我们在设计中利用玻璃既透明又反射的戏剧化效果，去展现被隐藏的内容，去定格那些短暂的瞬间，去表达那些无言的话语，去精致地体现出光影的玩味与周边环境的融洽平衡，使得被拽离日常的访客仿佛置身一个模糊了三维深度感的空间中，同时动态的画面又向着时空方向进行四维转化。在这样神秘、深邃的地方，日渐汹涌的浮躁与喧嚣，连悲伤都不能专心致志的人们，会被轻柔的水缓缓融化。在这里，能看到光慢慢轻抚着物体，能听到花渐渐开放的声音。在这里，洗涤的不仅仅是人的身体，还有人的心灵！在这里，你不能做我的诗，但我可以做你的梦。

在这里，你侧耳倾听了吗？ END

实录

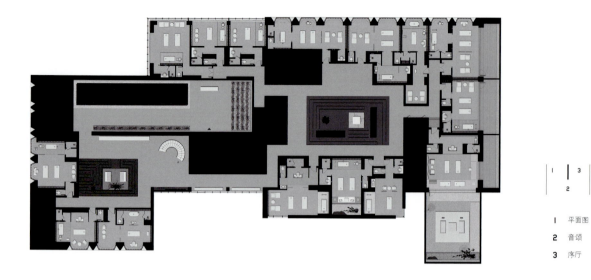

1 平面图
2 音颂
3 序厅

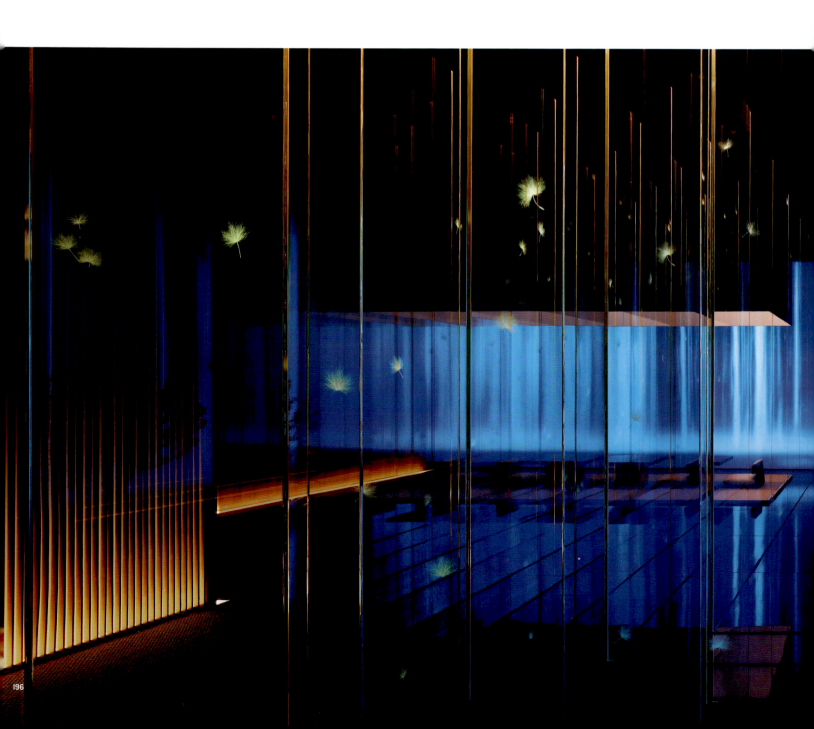

实录

实录

| 1 | | 4 |
| 2 | 3 | |

1　换鞋区
2-4　包房

实 录

良设·夜宴
LIANGSHE

资料提供	松果设计
地　　点	上海市陕西北路688号
室内设计	松果设计
创意总监	王杨
项目面积	1000m²
竣工时间	2018年10月

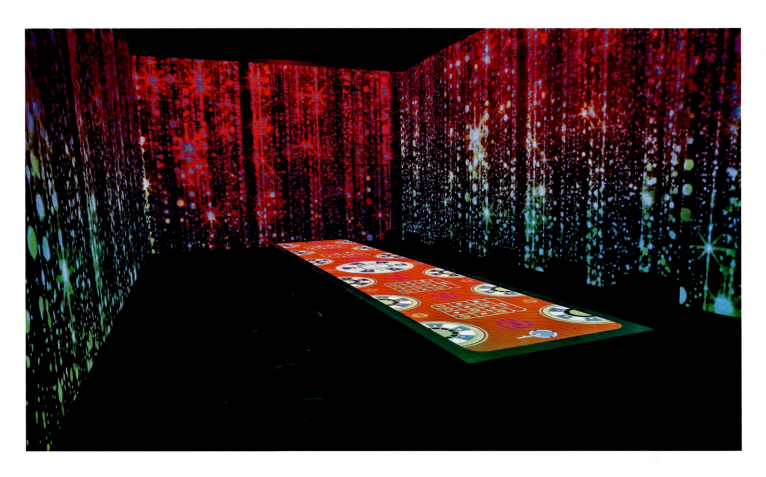

1 大厅
2 餐厅

　　由跨界设计师王杨和周平历经两年倾力打造的良设夜宴,坐落于上海静安区陕西北路688号,这里融汇了上海开埠以来的多元文化,也有许多中西交融的建筑遗址。

"造境"之美

　　共一千多平米的良设·夜宴,总投资超过2千万,拥有两层半的超大空间,空间设计理念以中国美学精神之"造境"为核心,设计师王杨表示:"无论是古代还是现代的文人墨客,对于'境'的塑造一直是诗词、画作中的核心。从用笔墨记录到真实场景的'境'来抒发和寄托情感,再到为了传达自己的情境、意境、心境而将这种情感具象化的'境'。这种对于境界的升华成为了中国艺术和设计史中最令人着迷的元素。"

　　设计师同时又用现代科技创新性对空间进行"造境",良设·夜宴灵感源自盛世唐朝,形式上融合了美食、影像、音乐、舞蹈、戏剧等多种艺术表达方式。王杨认为,科技工具拓宽了我们的视觉能力,把人们的视觉感受在空间、时间、形态、色彩和质感都引到一个新的无境境域,因此在设计上,良设·夜宴融合了时间和空间,拓展了自然视觉的领域,还原了中国哲学静谧唯美之境。

　　中国美学精神与现代科技的相遇与冲击,为良设·夜宴带来了多感官的可能性,空间上集合了感官餐厅、艺术活动与人文空间,成就了全球首家跨界创新的文化体验空间,同时也是一个具高科技的智能空间,从领先的比利时雅凯空气舒适系统、多媒体影音及影音系统到集成了灯光与音乐的德国摩根全载智能控制系统,设计师籍"眼、耳、鼻、舌、身、意"之六感再造,幻化了一个渊然而深妙的感官"意境"体验,更将美食、佳酿、艺术与文化呈现给宾客与社会。当人们置身其中,便能在细节中感受到那一份独有的优雅生活品质,亦同时塑造了设计师多样的生活方式和艺术审美。

似是而非,有意味的形式

　　挑高观景的主舞台区设计清晰地描摹了设计师们崇尚现代又古典和自由而艺术的志趣,置身其中犹如造访一位古代诗人

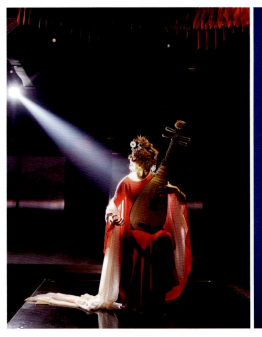 

```
1 | 3 4
  2 |
```

1　餐厅
2.4　过道
3　表演

亦或贵族的亭台楼阁，却又充满了当代性的风格，丰富的设计语言也为这里倾注了无限的灵感与内涵。

良设·夜宴的大厅为宾客提供定制的服务和多元化的场地选择，坐拥 200 多平方米的活动空间，这处独一无二的优雅场地适合举办各种类型的活动，从艺术文化活动、潮流设计展、品牌发布会、定制晚宴到私人生日派对。优雅灯光所反射出的迷离光影效果赋予了整个空间高级而奢华的视觉效果。

艺术品商店是商业艺术的延伸，这里展示和销售各种设计感的艺术衍生品，在这里，可以买到各种艺术衍生品、人文器物，以及各种时尚生活方式产品，为品牌和设计师提供了更多的空间和可能性，也拉近了人们和生活的距离。

在茶室参禅悟佛之机、显道表法之具，茶与茶室二者互为表里，互为因缘，互为体用，互为能所。可以茶喻禅，以茶行禅，以茶悟禅，以茶参禅；也可以禅释茶，以禅施茶，以禅品茶，以禅释茶。

生活升华为一场盛典与探索

良设·夜宴每晚仅设一席 12 位，共享 1000m² 的私密空间，人们将与来自各方的朋友共同进餐。当整个体验与空间、与文化、与艺术融为一体，生活便升华一场盛典与探索。通过巧妙的空间规划与细节设计，整个夜宴过程就如经历一场真实的梦境，既是一种美学仪式，又是一种感官与精神的极致享受。良设·夜宴打破了时间的循环，让人穿越其间，享受时空的交错。

夜宴灵感来自于中国十大名画之一《韩熙载夜宴图》。从 2016 年最初的概念发展到随后两位创始人带领着整个松果设计团队投入到唐史研究、方案设计、剧本规划以及唐朝的饮食文化探索，整个过程历时两年之久。结合良设首部菜单《唐十部乐 一》制作的长达三个多小时的多媒体影像，以及力邀法国音乐家创作的整场音乐都是艺术与科技的完美结合。

现在夜宴共 18 道菜，每道菜都是相对应的食物、视觉、影像、音乐、味道与情绪的融汇，以及跳跃在中国美学文化上的想象力。作为全球首家沉浸式文化感官餐厅，良设前卫的美食创意通过与艺术和科技的完美结合，为用户提供了一种无以言表的极致感官享受与进餐体验。

良设夜宴的创立是为高速运转的摩登社会保留一份人文的情怀，创现一种当代的美学，更将前卫极致的美食、佳酿、艺术与文化呈现给宾客与这个时代。

枯荣与更生
上野雄次的花道哲学

撰文 | Miao
摄影 | 木木
资料提供 | LIVIN'利物因

如果说与花道结缘的契机，那是在上野雄次的19岁。高中毕业的他，没有选择继续念大学，而从事了平面设计相关的工作，由于没有经过专业的设计训练，为了提高技能他常去看电影、戏剧，去美术馆，通过各种自发的方式了解这个社会。

恰巧一次偶然，上野雄次观看了一场敕使河原宏的花道展览，那是利用竹子呈现的装置，相对于很多普通的花道展览来说表现的形式更加艺术性。正值青春而生猛年纪的上野雄次十分迷恋这样富有力量感和激情的表现方式，内心深受打动，他第一次意识到，原来这也是插花，与他传统印象之中的插花完全不同。

原本的人生预设中并没有过插花的念头，想来这种行为跟他之间的距离也非常遥远，但也正是因为距离的存在，在那个当下，花道所带来的生命力却使他为之深受感动进而产生浓厚的兴趣。原想在设计道路上有所作为的上野雄次，就这样非常偶然地进入了花道的世界。

插花，在上野雄次的手中以另一种姿态重生。

迄今三十余年的花道生涯，起初大概有十年的时间上野雄次没有真正意义上进行插花，这十年并非是完全不能插花，而是插花之后，却无法产生好的作品。对于创作的思考，十年，似乎可以作为上野雄次一个大的分野。

刚开始在插花上的方向偏向强大的能量，非常想让别人看到花道有力量的部分。所以大概有十年的时间，他都沉浸在这种状态里，其间的插花练习，更多是用一些植物做素材，进行偏向艺术性的空间展示，可能别人看到也并不会认为那是传统意义上的插花。而面对一些娇柔可爱的花，上野雄次完全无法进行创作，如果在娇柔的花身上去展现强烈的力量感，便不再是插花，而是破坏花。如何去与这些娇柔可爱的花接触，他始终无法参透。

30岁左右的上野雄次所掌握的力量比19岁强大了很多，但状态却并不如意，

谈艺

1-4 "枯荣更生"室内展览作品及创作过程，花材皆是取材自当地山野，枯木在上野雄次的手中以另一种姿态重生

身体和心理上都进入了沉寂的阶段。抑郁和残破的状态下，非常偶然的，上野雄次在路边看到一朵可爱的小花，它自若地盛开在一片废墟之上，那一刻类似一种顿悟，竟觉得被一朵小花的柔软治愈。也是偶然因为这样的契机，他终于开始感受到娇柔的花美在何处。

在那以后上野雄次的心中终于有了如何与这种娇柔的花接触的感性，但有了感性的存在并不代表他懂得了如何去处理这些可爱的花朵，经过大约5年时间的沉淀和历练，其间思考如何去拿捏、平衡，才能产生柔和却感动人心的力量。再做出一些柔美的花道作品时，别人也不会觉得非常奇怪了。

三十四岁左右的上野雄次，完全不好意思将插花作品给别人看。那时，911事件发生了，突如其来的事件带给他极大的震撼，他开始思考自己的生命究竟要朝向何处？如何度过？那时彷佛进入了一个无法预知的时代。同时那也是上野雄次身处所属的插花流派中，对于自己究竟要表现的是什么，感到迷茫而困惑的阶段。

选择在这个流派之内继续深造以求更好，意味着放弃掉更多个人想去表现的一面，但在定势的流派之内，就真的可以做得更好吗？

他认为表现本身，最大的意义莫过于通过外在的构筑表达非常个人化的内心世界和感受，在有所限定的边界和规则之中去做表现的行为，但这似乎又背离了表现的本质。

如果对于自己来说插花这件事本身已经成为自己的困惑，那带着疑问继续做下去，无论是对自己还是对于将作品传递给更多人来说，可能都是一件不太好的事。

刚开始时面临抉择，上野雄次内心非常犹豫，思考之后，最终选择从流派之中独立出来。他真正想做的，仍然是没有界限地表达自己的内心，并把这种经验和思考分享给更多的人。也是在35岁左右，他有了自己的孩子。

将插花作为自己的工作，大概40岁之后才能真正地称之为开始。起初并未把插花作为生活下去的主要来源，因循着内心，插花更多是一种活动表演和自我表达的方式。但慢慢地有人开始找他进行插花，这样的工作也越来越多，也是因为这样的契机，上野雄次来到了中国。

人生也总是受到各种各样人事物的影

1-3 "枯荣更生"户外表演部分
4 自然界的一切都可以成为插花的素材

响才得以形成如今的状态，生命之中受到影响的师友虽不能一一罗列，但总有一二常念在心。从刚开始时60年代美国的音乐家Arto Lindsay，到后来巴西的柔术家Rickson Gracie，再到后来插花的过程中，一位非常要好的朋友，都使上野先生的人生受益颇多。

上野雄次在日本参与了花道的竞技（花いけバトル），从插花爱好者到知名的花道家，不同风格的花道将在有限的时间里被展现。从表象的层面来看，那些动作、行为可能跟传统花道的表现形式完全不同，但本质上都是通过花道的哲学延伸出来，依然具有花道的内核。

当人们去回顾整个日本悠长的花道历史，每一个阶段所产生出来的流派、技法，代表的就是在那个时代最前沿的插花方式。作为一个现代人，同样是现代人在观看他的作品，他所被赋予的使命是怎样用花道最核心的哲学，在现代的基础上，利用新的形式，让更多的人感受到这些传统花道的精神内核。

除了花道的精神内核，世界上有一部分非常伟大的思考方式，不分国籍、肤色，它们无论被称之为日本精神还是其他，那其中所包含的共通的部分，上野雄次个人非常能够接受和相信，都可以被纳入其中，以花道的形式呈现。同世界各地不同的艺术家共同交流时，如何去表现那些全世界所共通的精神，上野雄次总是在每一次不断的合作中去磨练和学习。

而对于花道艺术行为化的处理和尝试，是一种不断的摸索和找寻，无论外在的形式如何变化，都在带来冲击的同时能够抵达现代人的内心。如果这些行为之中能够有一些价值，或许有的人能够在当下理解到其中的些许意义，或许随着时间的变化，五十年、一百年后，有人有机会看到，他仍然能够在其中获得属于自己的感受和意义。所以插花或是行为本身是否有价值，并非取决于插花者，而是在于参与其中的每个人。

就地取材，现场创作，在"枯荣更生"的展览现场，每一件作品呈现完成之后，上野雄次都会拿起扫帚，清理干净桌面和地面，为整个插花画上句号，认真而如惯常。

除了一些特殊需要请别人帮助，上野雄次希望从一到十亲力亲为。如果抱着自己有一些小成绩，就将身边的事情假手于人，"就像一个大王一样，只是坐在那，指挥别人去干事，其实也和机器人差不多，有一天若是支撑这个人的环境突然不见了，他可能一周也无法活下去。"

生活和花道同样相通，有几点非常必要：需要一定的体力，需要面对各式的情况做出判断，而后思考对策和寻找处理方式。任何事都是如此，要有这样反复面对、反复练习的过程。这也是从最基本的践行开始，而使生命在面对枯荣与更生时拥有笃定而坚韧的力量。END

陈卫新

设计师,诗人。现居南京。地域文化关注者。长期从事历史建筑的修缮与设计,主张以低成本的自然更新方式活化城市历史街区。

灯随录(四)

撰 文 | 陈卫新

20

在许多声音面前,我的猫"泰戈尔"都是皇帝。除了大量的无动于衷,他爱听的,是周云蓬的《九月》与张云雷的《探清水河》,这样搭配着的口味,真的不知从何而来。但只要音乐唱词一起,他便成了一位深沉的思想者。"蓝靛厂火器营有一个宋老三……"。此刻,刚吃完维生素片的他,蹲在窗台上看窗外的飞鸟往返经过。除了他,还有谁会关心"宋老三"的命运呢。

除了特别的歌曲,每天早上,"泰戈尔"还会屈从于门外的一种声音。面对这样准时到达的神秘声音,猫的尊严似乎是被夹在了门缝里,"低在了尘埃"中。他总是早早地候着,尽量地俯下身子,舔着手指并间歇掩一掩眼睛。那位保洁阿姨可能永远都不会知道,有一只这样天真的猫每天等候着她。在她清扫楼道的充满行动感的声音里,听者的目光如此安静。如同一首民谣,或是另一段深巷里的俚语小调。

21

早上起来,读白蕉书信帖。白蕉有一枚闲章"窗下客",有人说这是他隐藏着的一种"门外汉"的谦意,我以为未必。也许只是以蕉影自喻而已,不但不是门外汉的自谦,恰恰是一种自得与清高。清高不丢人。有一次听央美的董梅女士讲《红楼梦》里的植物花卉,她提及的芭蕉禅意,让我心里猛然一惊。芭蕉在一年中的一枯一荣,恰如生命的轮回。蕉叶每一寸的卷起都认真细致,细到了叶脉里。人的生命何尝不是如此,每一年由冬至春的体悟才是生命的根本。在夏季,我们俯看一株芭蕉深邃地卷起,那无常的绿意空间里,是一个永恒旋转的问号。

22

"白鹿曾开洞天景,青梅又盛花时节"。去年,为一所中学设计一间青梅书屋。临近完工的时候,坐在书桌前喝水,忽然觉得后窗那里应该是有幅对联的,便拟了这句请当地的一位书法家写。青梅,除了是当地特产外,也有着同窗同乐共同成长之意。李白的诗《长干行》中说,"郎骑竹马来,绕床弄青梅。同居长干里,两小无嫌猜",长干里就在南京城南的门西,"青梅竹马"算是那里最有影响力的词语了。传统的书院制自然是不必回去,但是让学生们在学习的过程中慢一点,多感知植物生长,多关心一只缓行的蜗牛,未尝不是一件好事。在所有的道路上,开车的人并不是一味往前看的,老司机都知道,开车要注意安全,需要不时地看看后视镜。回顾有时可以更好地前行。当下,我们的教育正一路狂奔,是否也可能在课间做一次回望呢。

23

去机场接人。不知道从什么时候开始,航班延误似乎是一种常态,好像第一轮的设计稿。我的双肘撑在一段金属的栏杆上,

南京旧照

身体一下子轻了起来，接近于一种悬浮式停靠，只差一条牵引索了。人与人之间的接驳关系，未来会依赖一条空中轨迹吗。出口通道一直关着，看上去后面空无一人，但我知道，那个磨砂玻璃门的后面，穿着制服的一男一女正热闹地聊天。

他们聊什么呢。

昨天的股票大跌了。不知怎么，就想起英国电影《春光奏鸣曲》里的那条林间路来。风掠过草尖，乔治桑骑着白马横向地从镜头前飞速跃过。

24

万事有始有终，既然有末代皇帝，就会有末代皇后。早上，在帽儿胡同遇到了末代皇后婉容的家。婉容的父亲开明，"婉容"二字及她的字"慕鸿"都来自《洛神赋》，"翩若惊鸿，婉若游龙"。料想，1922年她出嫁的那一天，这个胡同一定是挤得水泄不通的。

从帽儿胡同一路走去什刹海，什刹海由前海、后海与西海组成，水面开阔，渐而蜿蜒，最窄处有银锭桥相连。许多年前，曾与几位朋友坐在桥边喝啤酒，很晚才散去。后来偶然翻看到一本书，《银锭桥西的月色》，觉得书名好，像极了那个夜晚。过了银锭桥，走后海南沿，想去访张伯驹与潘素的故居。北京城里有这一片水面，真是滋润。此处太阳比南京还烈，闷热中，一不小心就会走过几个路口。同样，也就错过了这里的许多名人故居。翻看历史，我们必须承认权利在选择居所时，更有利于个人。古人说"百善孝为先"，也说"万恶淫为首"。可见，恶远多于善。

在大翔凤胡同遇到梅府家宴，梅葆玖题的匾额。当年梅兰芳先生爱吃峨嵋酒家的宫保鸡丁，不知道这梅府的家宴做不做这道菜呢。从巷子里折返，再回到水边去，张伯驹与潘素的宅子就在一片绿荫里。门关着，悄无声息。敲门无应，低头见门缝里塞了一卷不知几时的报纸。

25

什么是时趣，什么是古风。《百花诗笺谱》是前年生日的时候给自己的礼物，书中有张祖翼的一页题笺，笔力遒劲，又文气十足。桐城张祖翼算得上是最早走出国门看世界的清朝名士之一。光绪九年，他曾赴英国游历近一载，写成诗歌百首，回国后结集为《伦敦竹枝词》，钱钟书先生对此也做过考证，书中有写情人相会，可读一笑。"握手相逢姑莫林（goodmorning），喃喃私语怕人听。定期后会郎休误，临别开司（kiss）剧有声。""一笑低声问佳客，这回生代（Sunday）好同车。"

26

这个月从二号开始，便连续在外奔走，20天内先后去了北京、宁波、奉化、南浔、上海、西安、哈尔滨、厦门。东西北南，看似休闲，实在是考察。考察，这个词听起来总有点居心叵测或者责任担当的意味。当然，如果可能，最好还是忘记掉出行的目的才好。因为忽然而至的风暴，因为一片沉寂的海，因为记忆中的一首快要遗忘的歌。宋代郭熙说，谓山水有可行者，有可望者，有可游者，有可居者。可行可望可游可居的山水在哪里呢。这些城市里看得见的都是好大喜功式的摆胜。江河湖海中多的是光影交错的恍惚不安。理想，最不可妄谈。因为只要一讲出口，理想就开始动摇。

高蓓

建筑师、建筑学博士。曾任美国菲利浦约翰逊及艾伦理奇（PJAR）建筑设计事务所中国总裁，现任美国优联加（UN+）建筑设计事务所总裁。

种地和情趣

撰　文 | 高蓓

　　做设计久了，人就没有文思。

　　我记得很多年前，读书的时候，刚工作的时候，给几个设计的专业媒体写过稿子，就是评论这个介绍那个，把别人的建筑的设计说明写得特别丰富，特别动人，什么"光线，肌理，密度"，什么"建构，叙事，秩序"。就盼着什么时候自己积累一些作品，且编且撰，那显得自己多么完整多么深沉。

　　等自己做设计有了一点年头，夜以继日地琢磨屏幕上的那些线条而不是文字以后，突然发现不会写了，更不会写自己的了。每一个设计都有遗憾，像我这样继发性强迫症的人，永远着眼在那未能如愿的一部分。比如说要我的左脑准备指挥写下"建筑立面用了大面积的深色铝板"，没准我右脑就惋惜的一塌糊涂"分缝剂如果再深一点就完美了"；我的左脑准备指挥写下"连续的坡屋顶向水面方向跌落"，我右脑正无法接受这一现实"烟道出屋面太高了，没有按图施工"。

　　所以写点什么就特别难，得把自己的焦虑调理一番，才可以把成就感调动出来一点。

　　想来种地应该是治愈系的事情，特别针对我这种思虑漫天飞舞的，需要拉下来接接地气。

　　没想到农业做久了，人是踏实了，可是变得没有情趣。

　　去年年底和孙云一起去苏州城外的一块基地，路过小桥流水人家，紧邻河边斜斜长了一棵枝条舒展的大树，孙云说："好美的一棵树，长得位置真好。"我看了一眼，心想：树根不会积水吗，容易泡烂的哟。

　　晚上回去翻书，读到一则小品上说古时候的一部小说里（忘了名字）主人公在水中用梅花搭了一个屋，行住坐卧都在其中，雅致至极。我不由放大了我的忧愁：梅花可不能用水培啊。

　　转念一想：我这是怎么了。

　　真是言语乏味，面目可憎阿。

　　《随园诗话》云："诗赋为文人兴到之作，不可为典要。上林不产卢橘，而相如赋有之。甘泉不产玉树，而扬雄赋有之。"这句话什么意思，是告诉我们文人是靠想象力过活的。

　　诗人需要和观察物之间的距离，生活的距离和认识的距离，摸索的太详细就难以歌咏，和我做设计写不出来字儿差不多意思。同样凝视夜空，泰戈尔说："夜是深黑的，星星消失在云里，风在叶丛中叹息。"，农民说："注意了，明天要下雨。"

　　怪不得我好久也不写诗，风雅向来就是朦胧织就，再动笔写花房笔记，心里就不是滋味。

"狭长的叶片卷曲微缩，

好像多年前捏在手里的信（应该是生病了）

潮湿空气在悄悄地炸开（就是因为太潮）

留下晕开的绿色上褐色的斑点（红蜘蛛还是催眠蚧？）"

我向着泰戈尔的对立的那一端滑落，发现余秀华也只是我的梦想。

她本来写："如果给你寄一本书／我不会寄给你诗歌／我给你关于植物，关于庄稼的／告诉你稻子和稗子的区别／告诉你一个稗子提心吊胆的／春天"。

比心心，提心吊胆的才是种田人阿。

她又写："挨着麦子坐下／一棵麦子在为我们挡雨／说吧／说你多么爱我／爱这样的雨夜和没有边界的麦田"。

心动一下。麦子，我也有，挨着麦子坐下，我叫来九。

"你看余秀华笔下的麦田，"我读："明天的黎明会是什么样子呢，你听到麦浪的呼啸了吗？"

"明天的黎明会是什么样子呢，只要不下雨，可以把北边的地翻了。"

"……"。

"那我给你做道题吧"，九说："鸡毛菜的生长期冬季45天，夏季30天，采收期是一周，每平方；胡萝卜的生长期冬季45天，夏季30天，采收期是一周；菠菜的生长期冬季45天，夏季30天，采收期是一周；花菜的生长期冬季45天，夏季30天，采收期是一周。如果5-12月连续每天都需要各80斤，请问这四种蔬菜该怎样按期播种，何时育苗移栽并各需要多少土地？"

"……"。

看我沉默得如同一棵麦子，九高高兴兴地走了。

记得我二年级写作文："土豆结满了一树……"，若梅花能长在水中，土豆何以不能在枝头垂落，毕竟在九眼中，文学精神和科幻精神是差不多的。

没有情趣的设计师在工地上最容易出戏。

去都江堰的基地，一片山林美景，走着比划着，看基地内的山体上仍然保留了水稻和油菜花田，没有把它们利用来作"景观绿化"，心下大乐，看见业主在天然的土坡台地上种了很多鲁冰花，"哎呀，这东西不能自播，对土壤要求也高，不如种点毛地黄吊钟柳。"看见新移栽的槭树根部的土球上探出一根无纺布的水管，赶紧上前拍照，槭树最怕涝，有了这根管子浇水多了也好渗出来，专业装备啊。临了还要嘱咐：别搞人工草地阿，你看这野草平原多好，有生机又好打理，嘿，环保又美丽……

待不在戏里，就变得愈加现实。

到清迈吃五铢面，一碗里一小口面只卖五个铢，所以每个人面前摞着十几碗。大家都很开心，只有我暗自思索：这多喝了十几倍的残留洗洁精啊。

去买衣服却一件未拿，这些材料和染剂，最终土地也无法消化，破烂了也不能用来堆肥，对土地有毒的，难道就对人有利？

还是穿旧的棉T恤吧。

这样的我，活得好崭新。

iRobot 推出 Roomba i7+

日前，iRobot 正式宣布在中国市场推出旗下新品扫地机器人 Roomba i7+ 及自动集尘系统。Roomba i7+ 定位为"革命性"新品，将扫地机器人和自动集尘系统结合，真真正正地解放人力。该新品主要是有三大特点加持，包括 Imprint 智能规划技术、Clean Base 自动集尘技术以及三段式清洁系统。用户可以针对地图进行命名，同时选择性地进行房间清扫。通过 APP，用户还可以实现更多自定义清洁设置，预设机器人的清洁时间、清洁区域和清洁方式等。其搭载最新 Automatic Dirt Disposal 自动除尘充电基座，该充电基座一次可收纳 30 个集尘盒容量的垃圾，同时每次回充收集灰尘的时候，集尘盒上的 HEPA 滤网会被同步清理干净。

设计庆典在沪举行

2019年3月8日~2019年3月16日，设计共和在上海呈现了全新设计展——设计庆典。主办方期望能够借助设计公社的力量来重新诠释设计的包容性、跨界性以及创新性。设计庆典将"跨界合作项目"与"社区"的重要性纳入其中，并以此深化设计共和作为一个极具创新性的、倡导将"衣、食、住、行（文化）"四个基本生活元素结合到一起的多样性平台特质，以寻求一种更佳的现代生活交流方式。设计庆典包括众多嘉宾演讲、对话、短片大赏、论坛、讲座、展览等多种形式的活动。

3月26日中国建博会（上海）

2019 中国建博会（上海）将于3月26日~3月28日在上海虹桥·国家会展中心举行。该展是我国华东地区唯一的"全屋高端定制平台"，展览面积超过17万㎡，将聚集超过 600 家全国优秀企业及海外品牌，预计将吸引超 10 万具有商业价值的专业观众到场。今年展会全面提炼出六大主题词：大定制、设计、智能化、国际化、全品类、全产业链，用以促进品牌、观众和媒体等多方的行业共性聚焦。主办方力求通过网罗业内产业链不同领域的专家、旗手，为建装行业提供最全面、最专业的展示交流平台。

明日生活·建筑设计展即将开幕

2019年3月26日~3月28日，明日生活·建筑设计展（Tomorrow Show）将在上海新国际博览中心开展。此次展览将呈现全球与时俱进的从建筑、室内设计到平面和产品设计的跨界创新应用，还将充分联动众多展商的上千种新材料资源库，如越秀木、上海建材集团、Domino house 等高质品牌，为专业观众提供全链路服务和助力。

同时，展览还将首次带来展中展——N*100m² 明日理想家。届时，将呈现出一个一切均可被设计的时代，从精心营造的个性外表和在线身份，到充斥着由个人电子设备、新材料、各种界面、网络、系统、基础设施、数据、化学制品、有机体、遗传密码……所构成的星系版的生存环境。而营造明日生活的材料，也将从明日生活·建筑设计展小小的 100m² 开始。

戴森亮相设计上海

戴森携多款专业产品亮相设计上海。致力于通过创新技术助力健康生活，戴森工程师带来了一系列专业的科技解决方案，包括干手器、吊灯、台灯、吹风机等。目前，全国逾 30 多个城市可以发现戴森专业产品的身影，产品已覆盖包括上海嘉里中心、广州太古汇在内的多家高端商业广场、酒店、机场、办公楼、医疗机构等。

戴森 Airblade Wash+Dry 干手器将水龙头和干手器合二为一，洗手、干手在洗手池内一步到位。利用经过 HEPA 过滤的空气在 14 秒内将手吹干。这种设计可以有效减少因用户从洗手池移步到干手区过程中而滴落在地板上的水。同时，可以节约更多的擦手纸和空间。

戴森推出的 Cu-Beam Duo 吊灯，是一种强大的上下双向照明装置，并且配备全面、灵活的照明控制功能，可提供理想的照明。通过一触式调控开关和反光表面，Ricochet™ 技术可将不需要的下照光转换为上照光，防止光照浪费。需要上照光时，关闭调控开关，这样就可以避免不需要的下照灯。这样只有向上照明，制造强大流明输出，提供高效能照明。需要下照光时，打开开关，便可将更多流明输出转向下方，从而为工作桌面分配充足的下照光线。

Pertica 2019 春夏家具系列首度亮相中国

2019 年 3 月 15 日，Pertica 正式推出 2019 春夏家具系列，这也是该品牌家具和家居饰品首次面世。Pertica 成立于上海，是一家以全新方式打造个性家居生活的家具品牌，以全新视角发现生活中的乐趣。Pertica 以新颖视角审视传统家具设计方法，力求让家具与现代生活更加息息相关。作为品牌面世的首个春夏系列，包括 26 种产品和 51 个款式。此外，还有 12 款地毯。品牌的核心理念是在生活中寻找乐趣，所以此次系列的设计灵感取材自日常用品。用不同的视觉角度审视周边环境会让人发现很多不显眼的几何图形。设计师把几何元素融进家具产品中，让系列充满着具有视觉冲击力的艳丽图形和鲜明线条。

中贸美凯龙正式揭牌

2019 年 2 月 27 日，上海中贸美凯龙经贸发展有限公司（简称中贸美凯龙）在上海正式揭牌。由中国展览行业领军者——中国对外贸易广州展览总公司与国内家居龙头企业——红星美凯龙双方共同出资成立。中贸美凯龙将从 2019 年开始，运营中国家居、建装行业两大国际性展会——每年 3 月中国建博会（上海）和 9 月中国家博会（上海）。未来，中贸美凯龙将继续大展拳脚，积极布局全国市场，推动中国展览业和家居建筑装饰行业迈向更高质量的发展。

Steelcase 上海灵感办公室开幕

2019 年 1 月 17 日，全球办公家具行业的领导者——Steelcase，位于上海的灵感办公室全新升级开幕。全新的灵感办公室选址于兴业太古汇，随处可见本土概念的设计元素融合——贯穿空间的灯饰设计代表"黄浦江"，灵活而极具流动感；"黄浦江"分隔的空间则代表"浦东"与"浦西"。门口的大屏幕实时播出各项全球经济指数，让在这里工作的人们时时保持与世界的联系，可谓"立足上海、放眼全球"。空间内的 Diversal 系列办公家具，拥有一系列可互换和组合的特性，为员工在个人专注和协作流动之间找到完美平衡。

SHOW TOMORROW

Tomorrow Show 明日生活·建筑设计展

SENSE:ABLE

SENSUAL

SMART

SUSTAINABLE

智感未来

感性 / 智性 / 可持续性

汇集时代创新成果的建筑设计展

明日生活·建筑设计展

2019年3月26-28日 / March 26-28, 2019
上海新国际博览中心 / SNIEC SHANGHAI

www.tomorrow-show.com

3月20日前成功预登记
即可获得
价值400元的三日通票

第28届上海国际酒店用品博览会(二期)

2019上海国际酒店工程设计与用品博览会

www.hdeexpo.com

酒店及商业空间建设与运营一站式采购平台

建筑装饰 | 工程设计 | 康体休闲
室内设计 | 照明智能 | 智慧酒店
客房用品 | 酒店布草 | IT&安防

▸ 2019年4月25-27日
▸ 上海新国际博览中心(龙阳路2345号)

更多信息,请关注微信号

电话:021 3339 2115/2198

中国建筑学会
The Architectural Society of China
室内设计分会 IID-ASC
Institute of Interior Design

中国室内设计权威学术团体

陈列馆
莫迪 2018
综合材料互动装置